가족생활교육 프로그램 개발

- 중년기 주부를 대상으로 -

가족생활교육 프로그램 개발

- 중년기 주부를 대상으로 -

송 말 희 著

한국학술정보㈜

책머리에

하루가 다르게 변화하는 요즘, 새로운 지식의 폭발적 증가와 기술의 급격한 발달은 세대 간에 서로 다른 경험을 하게하며 서로의 이해를 어렵게 만들고 있다. 따라서 변화하는 환경에 대한 적응과 상호세대에 관한 이해를 높이기 위해서 그 어느 때보다도 평생교육의 중요성이 강조되고 있다. 특히 상호세대에 대한 이해는 가족의 행복과 사회의 안정을 위해서 절대적으로 필요한데, 이는 대부분 가족 안에서 일차적으로 이루어지게 된다. 왜냐하면 가족은 대부분 2세대 이상이 함께 공존하기 때문이다. 따라서 가족원 서로에 대한 이해의 폭을 넓히기 위한 노력이 가족원 개개인을 위해 나아가 사회의 안정을 위해서도 절대적으로 필요한 실정이다.

하지만 현대 가족은 동 세대조차 이해하지 못하면서 많은 사회문제를 낳고 있는 실정이고, 가족원 모두를 위한 진정한 심신의 안식처가 되어야 함에도 불구하고 과거와 달리 가족문제가 다양화되고 심각해지고 있는 실정이다. 가족문제가 이미 발생한 후에 각종 서비스를 제공하여 가족이 제 자리를 찾도록 하는 일도 물론 매우 중요하지만, 더 중요한 것은 가족문제를 미리 예방하는 일이다. 가족문제가 발생하기 전에 가족을 강화시킴으로써 가족이 제 기능을 충분히 발휘하여 가족원 모두의 행복을 도모하는 건강한 가족을 이룩하도록 돕는 것이 바로 가족생활교육이다.

특히 오늘날과 같은 경쟁사회에서 '가족'은 가족원 모두의 마음과 몸이 편히 쉴 수 있는 진정한 보금자리가 되어야 한다. 따라서 우리 모두가 속해 있는 가족을 어떻게 유지하고 가꿔서 가족원과 사회 모두에게 기여할지에 대한 고민과 함께 가족생활교육의 중요성이 더욱 강조되고 있다. 가족생활교육은 가족생활을 하는 모든 이들에게 가족에 관한 내용을 교육함으로써 건강한 가족을 형성·유지하여 가족원 개개인의 행복, 가족 전체의 삶의 질 향상 나아가 건강한 사회를 이룩하는데 그 목적이 있다. 우리 모두는 가족에 속해 있으므로 가족생활교육은 우리 모두의 행복을 위한 교육인 셈이고, 따라서 그 어느 교육보다도 중요한 의미를 갖는다.

본 연구에서 중년기 주부를 대상으로 가족생활교육 프로그램을 개발한 것은, 중년기 주부들이 본인의 신체적인 노화, 제2의 자아정체감 혼동뿐 아니라 남편의 직장생활 은퇴, 자녀들의 취업과 결혼 등으로 삶에서 가장 많은 변화를 경험하지만, 우리사회에서 이들을 대상으로 재사회화가 거의 이루어지지 않고 있어서 변화에 대한 적응에 많은 어려움을 겪고 있기 때문이다. 특히 자녀들에게 모든 것을 바친 중년의 우리 어머니들이 자녀들이 성인이 되어서 독립적이 되면 지금까지의 자신의 역할에 의문을 가지면서 자신의 인생 전체에 대해 회의를 느끼게 된다. 따라서 이들을 대상으로 성인자녀와 바람직한 관계 맺기를 도와주며 중년 이후의 건강한 부부관계를 유지하고 나아가 풍요로운 노후를 설계할 수 있는 프로그램이 제공되어야만 한다. 또한 중년세대는 자녀세대와 노부모세대를 함께 책임지는 세대로 이들이 심리적으로나 신체적으로 건강해야 자녀세대와 노부모세대 모두가 행복할 수 있기 때문에 이들 세대를 위한 교육은 가족과 사회 모두를 위해서 매우 중요한 의미를 갖는다. 이런 여러 가지 중요한 의미에서 중년기 주부를 대상으로 프로그램을 개발하고 실시하였다.

한편 본 연구는 가족생활교육 프로그램의 개발에서 평가까지가 체계적으로 이루어졌다는데 그 의의가 있다. 최근에 많은 가족생활교육 프로그램들이 개발되고 있으나, 요구도 분석에서 평가까지 체계적으로 이루어진 프로그램은 매우 드문 실정이다. 따라서 본 연구에서는 설문조사와 선행연구 분석을 통한 요구도 분석, 이론적 개념 틀의 설정, 이들을 바탕으로 한 프로그램 개발 그리고 상호간의 경험의 공유와 창조적 사고를 기를 수 있는 소집단 규모의 프로그램 실시, 마지막으로 프로그램의 효과를 알아보기 위해 사전·사후평가와 함께 질적 면접을 통해 학습자들의 다양한 경험을 밝혀 보았다. 특히 기존의 프로그램 개발과 실시에서 찾아보기 힘든 이론적 개념 틀에 의한 요구도 분석과 양적 평가와 함께 질적 평가를 수행하여 교육 프로그램의 다양한 효과를 분석하였다는 점에서 연구자로서 자부심을 갖는다. 본 연구의 이런 체계적인 가족생활교육 프로그램 개발과 실시과정이 앞으로의 다양한 가족생활교육 프로그램의 개발과 실시에 귀중한 기초자료가 되기를 바란다.

2005년 1월 1일부터 건강가정기본법이 시행되면서 다수의 건강가정지원센터가 설립되어 각 센터에서 가족생활교육 프로그램이 활발하게 시행되고 있는 것은 가족생활의 향상 나아가 사회의 안녕과 복지를 이룩하는데 매우 고무적인 일로 여겨진다. 본 연구가 가족생활주기별 그리고 날로 증가하고 있는 다양한 가족들을 위한 가족생활교육 프로그램을 개발하고 실시하는데 귀중한 밑거름이 되길 바라며, 아울러 건강한 가족을 위해 애쓰시는 모든 분들께 미력하나마 도움이 되길 기대하면서 진심어린 조언과 편달을 부탁드린다.

2006년 8월
저자 송말희

목 차

표 목차

도표 목차

I. 서 론

1. 문제제기

평균수명 연장, 가족계획으로 인한 자녀수의 감소와 자녀양육 기간의 단축 등으로 개인적인 측면에서 중년기는 점차 장기화하고 있으며, 사회적으로는 중년인구가 계속 증가하는 추세를 보이고 있다.[1] 이들은 사회에서는 젊은 세대와 노인세대의 교량적 세대로서 지도자적 역할을 수행하며 가족 안에서는 세대 간에 물질적·정서적 자원의 흐름을 조정하는 핵심 축이다. 특히 우리 사회에서 이 핵심 축의 역할은 아마도 자녀의 교육과 사회화를 책임지고 노부모 부양의 주 수발자이면서 애정적 지원의 일인자인 중년기 주부가 도맡아한다 해도 과언이 아닐 것이다. 그리하여 중년주부는 가족관계의 중추적인 역할을 도맡아 하면서 상호세대간의 다양한 문제로 어려움을 겪게 되며, 부부관계에서도 성역할의 변화와 배우자의 은퇴를 눈앞에 두거나 이미 은퇴를 경험하는 새로운 전환을 맞게 되면서 다양한 갈등을 경험하게 된다.

또한 개인적으로도 폐경 등의 신체적인 변화와 심리적인 변화를 겪게 되고, 지금까지 자신의 삶의 전부였던 자녀들의 심리적 독립과 진수를 경험하게 되면서 중년기 주부는 자아정체감의 혼동 및 위기감을 겪게 된다. 그리하여 중년기 주부가 가족관계에서의 갈등을 건설적인 방향으로 해결하지 못하고 건전한 자아정체감을 재구축하지 못하게 되면 불건전한 여가생활을 하게 되고 결국 사회적 병리현상을 일으키게

---

1) 40-59세까지의 인구비율 변화: 80년 17%에서 85년 17.9% 95년 21.2%로 증가. 통계청, 인구 및 주택 총 조사보고서, 1996.

된다. 따라서 중년기 주부들의 긍정적인 정체감 확립과, 그들이 겪고 있는 가족갈등을 해결하고 미연에 방지하며, 자녀의 성장으로 인해 늘어난 여가시간을 올바르게 활용하게 하는 가족생활교육이 절대적으로 필요하다.

특히 중년기 주부의 삶과 정체감의 핵심은 어머니 역할로서, 그들의 심리적 복지는 자녀와의 관계에 의해 가장 큰 영향을 받게 된다. 게다가 우리나라는 모성애가 하나의 사회윤리로 지금까지 엄연히 존재하여, 자녀에 대한 임무가 어느 정도 끝난 중년기 주부라도 여러 관심사 중 여전히 자녀에 대한 관심을 가장 높게 보고하고 있다(공선영, 1993). 또한 중년기 주부들의 성인교육에 관한 요구도를 분석한 결과, 자녀와의 관계 개선 또는 자녀교육에 관한 영역에 관해 가장 높은 요구도를 나타내(김명자·송말희, 1998: 이상원, 1986: 이시연, 1995: 이혜숙, 1992: 예창명, 1996), 중년기 주부들은 여전히 자녀를 일체감과 동일시의 대상으로 여김을 알 수 있다(진미정, 1993).

그러나 자녀들이 성장하여 청소년기를 거치면서 자신들의 자율성 확립을 위해 부모와의 심리적 독립을 요구하게 되고 부모의 권위에 도전하게 되면서 중년기 주부는 자녀와 갈등을 겪게 된다. 특히 군 입대·취업·결혼으로 인한 자녀의 진수는 중년기 주부에게 상실감을 가져다 줄 뿐 아니라 그들이 가장 중시했던 어머니 역할에 변화를 가져와 그들의 생활 전반에 부적응을 초래하게 된다.

따라서 청소년기 이후의 성인자녀를 둔 중년기 주부들을 위해서는, 다른 어떤 교육보다도 자녀를 독립된 개체로 인정하고 이해하여 그들의 새로운 세계로의 진입을 도와줄 수 있는 가족생활교육이 절실히 필요하다고 하겠다. 이는 본 연구자가 중년기 주부를 대상으로 가족생활교육프로그램을 개발하기 위해 예비적으로 실시한, 중년기 주부들의 가족생활교육에 대한 요구도 분석에서(1998),[2] 중년기 주부들이 성인자녀와의 관계향상을 위한 교육내용에 대해 가장 높은 요구도를 보인

결과에도 그대로 나타나, 우리나라의 중년기 주부들이 기능적인 어머니 역할수행에 지대한 관심이 있음을 알 수 있었다.

그러므로 중년기 주부가 정체감의 혼동을 극복하고 자녀와 성인 對 성인의 관계를 맺으면서도 친밀감을 유지하여 중년기를 위기의 시기가 아닌 적응의 시간으로 보내기 위해서는, 가족성원의 능력과 잠재력 개발에 도움이 되는 자원·정보·기술을 제공하여 개인과 가족의 복지를 강화하고 증진시키는 가족생활교육(Thomas & Arcus, 1992)이 절대적으로 필요하다고 하겠다.

그러나 이러한 중요성에도 불구하고 성인자녀와의 관계향상을 목적으로 하는 중년기 주부를 위한 가족생활교육 프로그램은 전무한 실정이다. 특히 자녀들이 성인이 되어도 결혼을 하지 않는 한 독립이 어려운 우리나라의 실정에서, 과거에 비해 길어지는 교육기간과 결혼 전 취업기간의 연장 등으로 자녀들의 만혼이 증가하여 성인자녀와 중년의 어머니가 함께 하는 기간이 점점 길어지게 되면서 중년기 주부는 생활의 제 측면에서 성인자녀와 가치관의 차이로 다양한 갈등을 경험하게 된다.

따라서 자녀세대에 대한 이해를 도와 갈등을 미연에 방지하며 갈등의 건설적인 해결을 돕기 위해 성인자녀를 둔 중년기 주부를 위한 부

---

2) 막내자녀가 고등학교 졸업 이상의 연령이며 양가에 노부모가 한 명 이상 살아 있는 40세 이상 59세 이하의 중년기 주부를 대상으로, 제 가족관계에 대한 교육요구도를 조사·분석하여, 중년기 주부를 위한 가족생활교육 프로그램 개발의 기초자료로 활용하는데 그 연구목적이 있었다. 조사대상은 표집의 어려움으로 인해 전국에서 의도적으로 추출하였으며, 317부를 최종 분석자료로 사용하여 통계처리하였다.
구체적인 교육내용으로 중년기 주부 자신을 위한 내용과, 부부관계 향상을 위한 내용, 성인자녀와의 관계 향상을 위한 내용, 노부모와의 관계 향상을 위한 내용을 중심으로 요구도의 우선순위를 파악한 결과, 성인자녀와의 관계향상을 위한 교육내용에서 가장 높은 요구도를, 그 다음으로는 중년기 주부 자신을 위한 교육내용, 노부모와의 관계향상을 위한 교육내용, 마지막으로 부부관계 향상을 위한 교육내용의 요구도 순서를 나타냈다.(자세한 내용은 대한가정학회지, 36권 3호, 61-75쪽 참고.)

모교육이 필요하다고 하겠다. 아울러 이 시기의 성인자녀들은 취업, 결혼 등의 새로운 세계로의 진입을 경험하게 되므로, 어머니로서 그들에게 유용한 정보를 제공하며 미래를 예견하는 안내자요 상담자로서의 역할수행을 도와줄 수 있는 가족생활교육이 절대적으로 필요하며, 이를 통해 자녀의 진수를 미리 예견하고 수용함으로써 중년기 주부 자신의 적응에도 도움을 주게 될 것이라 생각된다.

따라서 본 연구에서는 예비연구 결과 중년기 주부가 가장 높은 교육요구도를 보인 성인자녀와의 관계개선을 주 내용으로 하면서 중년기 주부 자신의 문제를 해결할 수 있는 가족생활교육 프로그램을 개발하고 실시하여, 중년기 주부가 성인자녀의 발달과업 성취를 도와주며 그들과 성숙된 관계를 확립하고, 스스로 적극적인 삶의 주체자로 살아가는데 도움을 주어 중년기 주부의 삶의 질 향상에 이바지하고자 한다.

한편 지금까지 대부분의 가족생활교육 프로그램들이 요구도 조사, 프로그램 개발·실시·평가로 이어지는 연속적인 과정을 거치지 못한 한계점을 극복하기 위해, 본 연구에서는 중년기 주부들에 대한 교육요구도 조사를 근거로 프로그램을 개발하고 그들을 대상으로 프로그램을 실제 실시·평가하는 체계적인 프로그램 개발과정을 통해 앞으로 중년기 주부들을 대상으로 하는 가족생활교육 프로그램의 개발과 실시를 위해 기초자료를 제공하고자 한다.

2. 연구목적

현대사회의 급속한 변화로 인한 지식의 폭발적 증가와 기술의 급속한 발달은 가족 내에서조차 가족성원간에 심각한 세대차이를 불러 일으켜, 세대갈등을 야기하고 있다. 그리하여 가족관계의 유지와 통합의 중추적 역할을 담당하고 있는 중년기 주부들은 기존의 생활경험이나 학교교육을 통해 습득한 지식만으로 가족관계에서 발생하는 제 문제를 해결하는데 어려움을 겪게 되면서 가족생활과 관련된 교육의 필요성을 절실히 느끼고 있다. 따라서 이러한 중년기 주부들을 위해서는 그들의 능력과 잠재력 개발을 통해, 가족관계를 현명하게 유지하는데 도움을 줄 수 있는 가족생활교육이 절대적으로 필요한 실정이다.

가족생활교육 프로그램은 교육대상자들의 욕구를 충분히 반영하여야 한다는 원칙에 따라, 중년기 주부들을 대상으로 가족관계에 대한 교육요구도를 측정한 예비연구 결과, 자녀와의 관계향상을 위한 교육내용에 가장 높은 교육요구도를 보여, 본 연구에서는 이를 토대로 중년기 주부들을 위한 가족생활교육 프로그램을 개발하고 실시하고자 한다.

그리하여 본 연구에서는 중년기 주부들을 위해, 성인자녀와의 관계에서 발생할 수 있는 문제들을 미연에 방지하고 갈등해결을 도와주며, 나아가 성인자녀와 성숙한 관계를 맺도록 도와주는 가족생활교육 프로그램을 개발하고 실시함으로써, 현재 전무하다시피 한 성인자녀를 둔 중년기 주부를 위한 부모교육 프로그램의 개발과 실천에 기초자료를 제공하고자 한다.

본 연구의 구체적인 목적은 다음과 같다.

첫째, 중년기 주부와 성인자녀와의 관계, 성인발달 이론과 가족발달론적 관점에 대한 선행연구 분석을 통해 중년기 주부를 위한 가족생활교육 프로그램 개발의 이론적 개념 틀을 확립한다.

둘째, 이론적 개념 틀에 의한 중년기 주부의 발달과업과 요구도 분석을 토대로 중년기 주부를 대상으로 성인자녀와의 관계향상을 위한 가족생활교육 프로그램을 개발한다.

셋째, 개발된 성인자녀와의 관계향상을 위한 가족생활교육 프로그램을 10인 이하의 중년기 주부를 대상으로 실시하여, 프로그램 실시 이전과 이후에 사전·사후검사를 통해 프로그램의 효과와 영향력을 분석한다.

넷째, 프로그램 실시 후 교육 참여자들과의 개인별 면접을 통해 프로그램 전반에 대한 질적 평가를 실시함으로써 개발된 프로그램의 유용성을 분석해 보고, 문제점 및 미비점을 보완하여, 앞으로 중년기 주부를 대상으로 하는 성인자녀와의 관계향상을 위한 교육 프로그램 개발에 실제적인 기초자료를 제공한다.

다섯째, 중년기 주부들의 교육요구도 조사에서부터 프로그램의 개발과 실시 그리고 사후평가까지 이어지는 체계적인 프로그램 개발과정을 통해 중년기 주부를 위한 미래의 다양한 가족생활교육 프로그램의 개발과 실시를 위한 기초자료를 제공한다.

3. 용어의 정의

1) 중년기 주부

생활연령상으로 40세 이상에서 59세 이하에 속하고 가족생활주기 상 막내자녀가 중학교 이상에 재학 중인 여성으로 구분하는 것이 보편적이나, 본 연구에서는 가족생활주기 상 막내자녀가 고등학교 졸업 이상의 연령으로 자녀의 진학지도에 대한 어머니로서의 막중한 임무를 끝마치고 어느 정도 생활의 여유를 누리면서 자신을 돌아볼 수 있는 45세 이상 59세 이하에 속하는 여성들로 국한하고자 한다.

2) 성인자녀

고등학교 졸업 이상의 연령으로, 후기 청소년기 자녀부터 결혼을 하여 부모로부터 독립하기 전까지의 모든 미혼자녀를 포함한다.

3) 가족생활교육

가족문제를 예방하고 가족의 건전성 및 잠재력을 개발하여 개인과 가족의 복지를 증진시키며 건강한 가족을 육성하기 위한 평생발달적 교육을 의미한다.

본 연구에서는 중년기 주부 대상 성인자녀와의 관계향상을 위한 교육으로 한정시키고자 한다. 여기서의 관계향상이란 성인자녀와의 관계에서 역기능적인 요소들을 제거함으로써 기능적이고 만족스런 관계를 이룩하는 것으로, 자녀와의 효율적인 의사소통을 통해 갈등을 건설적으로 해결하며 자녀와 1 대 1의 인격적인 관계맺기에 중점을 두고자 한다.

4) 가족생활교육 프로그램

위의 가족생활 교육을 실시하기 위해 교육목적이 설정되고 단계별로 장·단기의 구체적인 활동계획이 일목요연하게 제시되는 활동지침을 말한다.

II. 중년기 주부 대상 성인자녀와의 관계향상을 위한 가족생활교육 프로그램 개발을 위한 기초고찰

1. 중년기 주부와 성인자녀와의 관계

1) 중년기 주부와 성인자녀 간의 갈등

중년기 주부와 성인자녀는 시기적으로 다른 세대에 태어나 성장하였기 때문에 사회적 지위, 권위뿐 아니라 가치관과 생활방식에 있어 차이가 있게 마련이고 따라서 갈등이 일어나는 것은 자연스런 현상이다(김경신, 1989; Lamanna & Riedman, 1994). 중년주부와 성인자녀 간에 일어나는 갈등의 중요한 원인 중의 하나는 세대차이 때문이다. 즉 중년의 부모와 성인자녀는 서로 다른 출생동시집단에 속하기 때문에 상이한 역사적·문화적 경험을 하게 된다. 세대 간의 이런 상이한 경험은 곧 상이한 가치관을 형성하게 하고 이는 곧 생활양식, 태도 그리고 행동 등의 차이를 가져와 세대차이를 낳게 된다(윤진, 1993; Duncan & Agronick, 1995; Riley, 1987).

과거에는 가치전달의 중요한 기제가 가족이었으나, 산업사회 그리고 정보사회로의 발달은 가족이외의 여러 다른 기제들의 발달을 가져와 가치전달에 있어서 가족의 역할을 크게 축소시키게 되고 그에 따라 부모와 자녀간의 세대차이를 심화시키게 되었다(김영숙, 1990). 또한 가치는 일단 형성되면 변화하지 않는 것이 아니라 재사회화 과정을 거쳐 계속 변화하게 되는데, 부모세대와 자녀세대는 이 재사회화의 경험이 다르기 때문에 지향하는 가치가 서로 다를 수밖에 없다. 즉, 중년세대 특히 중년기 주부는 재사회화 기회를 거의 갖지 못하기 때문에 사회적 변화를 능동적으로 받아들이지 못하는 반면에, 자녀세대들은 다양한 재사회화 기관으로부터 풍부한 가치와 지식을 전달받음으로써 변화를 주도해 나가려 한다. 따라서 중년의 어머니와 성인자녀 간에는 현격한 세대차이를 경험하게 된다(박승옥, 1991).

또한 부모가 가정교육을 통해 학습한 내용과 성인자녀가 학교, 친구, 대중매체 등을 통해 습득한 내용 사이에 괴리가 커지면서 자녀세대와 부모세대는 심각한 단절을 경험하게 되고, 그에 따라 세대 간에 심각한 갈등과 소외를 경험하게 된다. 자녀세대와 중년의 부모세대 간의 갈등을 가져오는 가치관의 차이는 권위주의 대 평등주의, 집합주의 대 개인주의, 온정주의 대 합리주의, 물질주의 대 인간주의, 안정지향 대 변화지향 등으로 대별할 수 있다(김태희, 1995: 이춘재 등, 1997: 최운실, 1993). 또한 청년인 자녀들은 유토피아적 이상을 갖고 새로운 가능성을 향하여 전진함으로써 기존질서의 변화를 시도하려 하는 반면, 부모들은 기존질서의 유지를 위해 현실적이고 보수주의적인 사고방식을 지니게 되고 그에 따라 단기적이고 실용적인 기준에 의하여 결정하고 행동하기 때문에 서로 갈등을 겪게 된다(송정아·윤명선, 1997: 장휘숙, 1996).

한편 가치관의 차이는 각 세대가 지향하는 자녀양육 형태에도 그대로 나타나 부모들은 자신들의 가르침에 대한 자녀들의 순종, 적은 언어적 교환으로 특징 지워지는 권위적인 양육형태를 지향하나, 자녀들은 대화를 통해 자녀를 이해하려는 민주적인 부모를 이상적인 부모상으로 여긴다(김태희, 1995). 그리하여 부모자녀 간에는 의사소통 양식에 있어서도 견해차를 보여, 자녀세대들은 부모와 인격적으로 평등한 관계 속에서 개방적인 의사소통을 기대하고 더 많은 대화를 원하나(한국가족관계학회, 1997: Acock & Bengtson, 1980: Binger, 1985) 중년의 부모는 일반적으로

자녀의 행동을 수정하려는 일방적인 명령, 훈계, 비판형의 의사소통 양식
을 지향하는 것으로 나타나(백양희·최외선, 1997: 장호선, 1987) 부모자
녀 간의 갈등을 심화시키는 원인이 된다. 그리하여 중년부모와 성인초기
자녀간의 의사소통에 대한 연구결과(Barnes & Olson, 1995), 부모보다
자녀들이 의사소통에서 더 많은 어려움을 나타낸 반면, 부모들은 자녀들
에 비해 의사소통을 보다 개방적으로 느끼며 문제가 적다고 인지하고 있
는 것으로 나타났다. 또한 중년부모들은 자신들의 의사소통 방식이 기능
적이라고 생각하는 반면 자녀들은 부모들의 의사소통 방식을 폐쇄적이
며, 문제가 있는 것으로 받아들여 중년부모와 자녀 간에 의사소통에 대한
견해차를 극명하게 보여 주었다.

또한 자녀들의 혼전독립에 대해서도 중년부모와 성인자녀 간에 견해
차가 존재해, 전통적인 중년여성들은 자녀들이 결혼을 통해 부모 곁을
떠나기를 기대하나, 현대의 젊은이들은 부모로부터의 독립을 위해 원가
족을 떠나기를 원하는 것으로 나타났다(Back & Scott, 1993: Davidson
& Moore, 1996: Goldscheider & Goldscheider, 1993).

특히 이런 세대차이에 따른 갈등의 모습은 사회적 변화의 속도가 느
리고 획일적 가치관에 의해 지배되는 사회에서는 나타나지 않거나 약
하게 나타나지만, 현대 사회와 같이 사회적·문화적 변화 속도가 빠르
고 다양한 가치관에 의해 지배되는 사회에서는 더욱 빈번하고 격렬하
게 나타나 사회문제로 대두되기도 한다.

한편, 부모와 성인자녀사이의 갈등 요인은 앞서 언급한 사회구조적
요인이라 볼 수 있는 세대차이 외에도 개인적인 측면에서의 발달단계
의 차이로도 설명할 수 있다. 즉 중년주부와 성인자녀는 생애주기 상
서로 다른 발달단계에 속하고, 그에 따라 각자 자신들의 발달과업을
수행해야만 한다. 인생주기에서 정체감의 문제가 가장 심각하게 재현
되는 시기가 청년기와 중년기로서, 중년의 어머니와 청년의 자녀는 모
두 자신들의 정체감 확립이라는 과업에 매진하게 된다. 이로 인해 상

대를 이해할 여지가 없게 되므로 서로에 대해 무관심하게 되거나 갈등 양상이 나타난다(김애순·윤진, 1997; 장휘숙, 1996; 정윤경, 1997; Binger, 1985; Lamanna & Riedman, 1994).

인생에 있어 중년기는 신체적 노화를 경험하면서 삶의 회상을 통해 자신의 목표와 기대가 성취되지 못한 것을 반성하는 시기로, 즉 삶을 정리하는 시기인데 반해, 청년기는 신체적인 성숙과 함께 모든 가능성과 기회가 열려있는 생의 절정을 향한 출발의 시기이므로, 소극적이고 정적인 어머니와 적극적이고 동적인 자녀가 함께 하는 중년기 가족에는 많은 갈등이 존재할 수밖에 없다(Binger, 1985; Papalia & Olds, 1995; Small & Eastman, 1991). 즉, 성인자녀는 부모로부터 독립하여 자신의 독특한 생활양식을 구축하는 것이 중요한 발달과업이므로 이를 위해 부모의 가치관을 거부할 필요성을 느끼게 되고, 그에 따라 부모와의 차별성을 극대화하려 한다. 반면에 중년의 어머니는 자신의 발달과업인 생산성을 자녀를 대상으로 수행하려 하기 때문에 자녀에게 더 많은 정성을 쏟아 붓고, 더 많은 기대를 하여 자녀와의 차별성을 최소화하려 한다.

이러한 부모와 자녀의 발달과업의 차이는 자신들의 목적을 달성하기 위해 세대내의 관계에 대한 투자와 목적이 서로 다른 발달단계에 따른 내기걸기(developmental stake)를 하게 한다(김영숙, 1990; 윤진, 1993; Glass & Bengtson, 1985). 그리하여 Callan과 Nollar(1986)는 청소년들은 가족의 부정적 측면을 과대평가하는데 반해, 부모는 바람직한 측면을 과대평가한다고 했다. 또한 Acock과 Bengtson(1980)은 3세대 연구에서 자녀들이 부모와 행동으로 드러나는 측면보다 마음속으로 더 큰 가치관의 차이를 경험한다는 사실을 밝혀내, 자녀들은 부모와 자녀 간에 존재하는 실제 가치관의 차이보다 가치관의 차이를 더 크게 확대하고 있음을 알 수 있다. 그리하여 이 연구는 부모와 청년들의 '세대 간의 내기걸기'가 실재함을 입증하였다.

한편 세대갈등의 요인을 세대차이와 발달과업상의 충돌의 문제라는 상호관계에서 비롯되는 것으로 보는 견해와는 달리 부모와 자녀 각각의 독자적인 변화에 따른 문제로 설명하기도 한다. Binger(1985)를 비롯하여 Sullivan과 Sullivan(1980)은 중년의 어머니와 성인자녀 간에 갈등이 생기는 원인을, 자녀의 성장에 따른 독립욕구의 증가라는 면을 강조하였다. 즉 자녀들이 성숙되고 자율적인 인간으로 성장해가면서 부모로부터 독립을 요구하게 되는데, 부모는 이를 권위에 대한 도전 또는 위협으로 여겨 갈등을 겪게 된다는 것이다. 또한 자녀들이 성인이 되면서 부모에 대해 지녔던 이상적·절대적 평가가 현실적·상대적 평가로 바뀌게 되고, 이를 바탕으로 부모 자녀 관계를 재정립하기 위해 타협을 요구하게 된다. 그리하여 일방적이었던 부모 자녀 관계를 상호적인 관계로 변화시키려는 그들의 요구가 결국 갈등의 요인이 된다는 것이다(Gecas & Seff, 1990; Jory et al., 1996).

이와 반대로 이주옥(1993)은 부모와 성인자녀 간의 갈등이 자녀의 발달상의 변화에서 비롯되기보다는 부모 자신의 중년기 위기감, 부부관계의 역동성 등과 같은 부모 요인에 의해 발생할 수 있다고 주장했다. 이를 입증하기 위해 그는 첫 자녀가 청소년기에 있는 부, 모 그리고 자녀를 한 팀으로 구성하여 질적 연구를 행한 결과, 부모의 중년기 변화가 부모-자녀간의 갈등을 초래함을 보여 주었다. 부모의 변화에 따른 갈등 중에서도 특히 어머니 즉, 중년기 주부의 변화 요인에 의해 자녀와 더욱 많은 갈등이 발생하고 있음을 밝혔는데, 이는 사회생활을 하는 아버지보다도 자녀양육과 가사를 전담하는 중년주부는 성숙해가는 자녀와 서로 역방향으로의 발달적 이동을 하게 되므로 자녀와 갈등의 소지를 더 많이 안고 있기 때문이라고 했다. 그리하여 청소년기 이후의 자녀들이 아버지보다 어머니와 더 많은 갈등을 겪는다고 했는데 이에 대해서는 다른 학자들도 일치된 견해를 보이고 있다. 장휘숙(1996)도 자녀들과 아버지와의 갈등은 단편적으로 종결되는 반면 어머니와의 갈등은 잦고 오래

지속된다고 했다. 이렇게 어머니와의 관계에서 갈등이 표면화되는 이유는, 자녀들이 아버지보다 어머니와 함께 하는 시간이 많으며, 가족에서 일어나는 대부분의 갈등이 일상생활의 사소한 문제에서 비롯되는데 이런 부분들은 대부분 어머니와 관련되기 때문이며, 그리고 자녀들이 아버지보다 지위가 낮은 어머니에게 자신들의 영향력을 행사하는 것이 쉽다는 것을 알고 어머니에게 자신들의 요구를 더 많이 요구하기 때문이라고 했다(Silverberg & Steinberg, 1990; Steinberg, 1987).

그러나 원인이 어디에서 비롯되든지 중년기 주부와 성인자녀 간의 갈등은 부모-자녀관계가 변화·발전해가기 위한 필수적인 요인이며(정윤경, 1997), 두 집단 모두에게 성숙을 향한 성장의 산물로 이해되어야만 한다(Binger, 1985).

2) 자녀의 독립에 따른 어머니 역할 변화

여성에게 자신이 중년기임을 깨닫게 해주는 중요한 사건 중의 하나는 자녀가 가정을 떠나는 일이다(Raluger & Kaluger, 1979). 진수(launching)는 청소년이 성인이 되면서 자신의 원가족을 떠나는 과정으로(Simons et al., 1994), 가족구성의 변화를 가져와 가족의 역할관계의 재배치, 적응의 문제, 정서적 위기 등을 야기 시키면서 남은 가족들에게 스트레스 요인이 될 수 있다(Binger, 1993). 물론 부모 모두 이 전환기를 경험하지만 여성들은 여성 역할의 주요 구성요인이며 여성들의 삶과 정체감의 핵심요소인 어머니 역할의 상실을 경험하게 되기 때문에 더 스트레스적으로 여기며 정체감의 혼동을 경험하게 된다(Raluger & Kaluger, 1979; Wilfrid & Zander, 1993).

Ellicott(1985)는 미혼여성으로부터 탈부모기까지의 여성들을 대상으로 여성의 심리사회적 변화를 측정한 결과, 응답자의 40%가 진수기를 주요한 전환으로 인식하는 것으로 나타났다. 즉, 이 시기에 결혼만족도가 보다 낮아지며 자아의 변화를 인식하게 되고 개인적 발달의 저하와 내성(introspection)의 증가, 그리고 인성특성 중 결단성이 증가하는 전환을 경험하게 되는데, 가장 중요한 전환은 삶에 대한 재평가가 이루어지는 것이라고 했다. Vailliant와 Vaillant(1993) 역시 여성들에 대한 결혼만족도 연구결과, 자녀들의 독립이 시작되는 시기에 그들이 많은 어려움을 경험하는 것으로 나타났다. 특히 어머니 역할에 헌신적이었던 여성은 자녀의 독립을 어머니 역할에서 얻었던 만족감의 상실과 자신의 삶의 많은 부분이 사라지는 것으로 인식하면서 상실감과 실망감을 경험하는 빈 둥우리증후군(empty nest syndrome)을 겪게 된다(Collins, 1990: Havemann & Lehtinen, 1986: Simons et al., 1994: Wilfrid & Zander, 1993).

그러나 모든 여성이 자녀의 독립을 부정적으로 경험을 하는 것은 아니며, 자녀의 독립으로 가장 큰 어려움을 겪는 여성은 어머니 역할을 중심으로 자아정체감이 형성된 자기희생적 여성으로, 전통적인 어머니 역할에 몰두하면서 대안적인 역할을 찾지 못했던 여성, 그리고 자녀에 대해 지나치게 과 보호적이었던 여성이다(김명자, 1992: Binger, 1985: Davidson & Moore, 1996). 그들은 자녀의 독립으로 극단의 우울을 경험하거나, 또 다른 '어머니' 역할을 고집하면서 그 속에서 자기 가치를 찾으려하기도 해 성인으로서는 불가능한 새로운 관계를 맺기도 한다(Newman & Newman, 1979). 우리나라에서는 독립한 자녀에 대한 지나친 간섭이나, 혹독한 며느리 시집살이, 손주양육에 대한 지나친 간섭 등이 여기에 속한다고 할 수 있다.

한편 Hawkins(1978)는 자녀의 진수가 중년기 여성의 심리적 복지에 부정적인 영향력을 미친다는 선행연구들이 안고 있는 문제점을 지적하였다. 먼저 진수에 대한 개념차이로 대부분의 연구자들은 막내자녀의 고등학교 졸업을 진수기로 여기는 반면, 어머니들은 자녀들이 성공적으로 독립하는 것을 진수기로 인식한다는 점과 높은 위기에 처해있는 여성들만을 연구대상자들로 선택했다는 점을 들고 있다. 또한 빈 둥우리 기간을 지속적인 관점에서 측정하기보다 막내자녀 독립 이전과 이후의 시기를 단적으로 측정하는 문제점도 지적하였다. 한편 그의 연구결과 빈 둥우리로의 전환기에 처해있는 여성 즉, 진수기 여성이 보다 긍정적인 복지감을 보여 진수기가 스트레스를 가져다주는 시기가 아니며, 신체적·심리적 복지를 위협하는 요인도 아님을 밝혔다. 그러나 이 시기에 속해있는 중년기 주부의 복지감을 위협하는 단 한 가지 변수는 예상했던 시기에 성공적으로 독립하지 못한 자녀를 둔 것으로 나타났다.

그리하여 많은 중년주부들은 이 시기를 모든 유형의 새로운 가능성이 그들 앞에 열려있는 자유의 시기로 인식한다(Newman & Newman, 1979; Wilfrid & Zander, 1993). 자녀의 독립이 부모의 복지감에 미치는 영향력을 8년간에 걸쳐 종단 연구한 결과(White & Edward, 1990) 대부분의 중년기 부모들은 자녀와의 독립에 긍정적인 반응을 보이며, 자녀의 독립 이후에도 자녀들과 만남과 접촉을 계속하면서 심리적으로 만족하고 있는 것으로 나타났다.

따라서 현대의 많은 중년여성들이 이 시기를 삶에 있어서 긍정적 전환점으로 인식하며, 창조적인 적응을 위한 새로운 도전으로 여긴다(Binger, 1993). 또한 많은 여성들이 막내자녀의 독립을 고대하여, 예견된 시기에 집을 떠나지 않은 성인자녀가 있을 경우 이를 도리어 위기로 간주한다(Lamanna & Riedman, 1994).

이렇게 자녀의 독립은 중년기 주부에게 행복과 보상의 시기가 되기도 하고 애통과 환멸의 시기가 되기도 하는데(Raluger & Kaluger, 1979), 초기의 연구들은 대부분 자녀의 독립으로 중년여성들이 자신의 무가치함, 정서적 우울증을 경험한다는 부정적 결과를 보고한 반면, 최근의 연구들은 이 시기가 중년주부들에게 자유감의 증진 시기이며 생산성 획득을 표현할 수 있는 시기로 인식된다는 긍정적 견해를 보이고 있다(Binger, 1993).

White와 Edward(1990)는 이러한 자녀 독립의 영향력을 역할과 관련된 세 가지 이론의 관점에서 설명하고 있다. 이들은 첫째, 역할을 통한 정체감이 개인에게 삶의 의미를 부여하고 행동의 지침을 제공하므로 역할을 많이 가질수록 더 행복하며, 역할을 잃는 것은 심리적 기능에 부정적 영향을 미친다는 역할정체감 이론을 자녀의 독립과 관련지어, 자녀의 독립은 부모의 역할 상실을 의미하므로 곧 부모의 복지감 저하와 관련된다고 하였다. 한편 역할의 감소뿐 아니라 증가를 포함하는 모든 역할변화는 심리적·신체적 복지감에 부정적 영향을 미친다는 역할변화 이론은, 여성들에게 미치는 빈 둥우리의 부정적 영향력을 예견할 수 있다고 하였다. 마지막 역할스트레스 이론은, 역할변화의 결과는 역할수행에 따른 갈등과 스트레스 정도와 관련되는데 즉, 어떤 역할수행을 통해 긴장과 갈등을 겪었다면 그 역할의 상실은 긍정적 결과를, 갈등이나 스트레스가 없었다면 부정적 영향을 가져온다는 견해이다. 따라서 어머니 역할 수행을 통해 갈등을 겪은 여성들은 자녀의 독립으로 복지감이 향상될 것이며, 자녀와 긍정적인 관계를 유지해온 여성들은 심리적 복지감이 낮아지게 될 것이라고 했다.

그러나 이 이론들의 공통적인 문제점은 자녀의 독립이 곧 부모역할의 끝이라는 점에 근거한다는 것이다. 부부중심의 가정생활이 일반화되어 있는 서구사회에서는 자녀의 독립이 곧 어머니 역할 상실로 인식되는 경향이 있으므로 이 이론들을 적용하여 자녀의 독립이 중년주부에게 미치는 영향력을 분석하는데 무리가 없을 것이다. 그러나 우리나라의 경우 자녀가 성인이 되어도 결혼하기 전까지는 대부분 부모와 함께 살며 결혼한 이후에도 빈번한 상호작용을 하므로, 중년기 가족이 형태만 빈 둥우리이지 실제는 서구적 빈 둥우리와 의미가 전혀 다르며(이동원 외, 1997), 중년기 주부가 자녀의 독립과 상관없이 평생 어머니로서의 정체성을 갖고 어머니 역할을 수행하고 있으므로(신기영·옥선화, 1991: 진미정, 1993), 우리나라에서 이 이론들을 적용시키는 것은 문화적 특수성을 고려하지 못하는 결과를 낳게 된다. 따라서 진미정(1993)은 어머니 역할에 대한 이해는 단순히 역할의 존재와 상실의 측면이 아니라 역할의 의미와 내용적 측면에서의 접근이 필요함을 주장하였다.

한편 Barber(1981)는 빈 둥우리로의 전환에 대한 반응은 진수를 가져오는 사건에 대한 인식과, 진수시기의 가족적·사회적 환경, 그리고 진수시기가 부모의 기대와 일치하느냐의 여부에 달려있다고 했다. 그리하여 자녀가 결혼에 의해 독립하며, 부모가 예견했던 시기에 충분한 지원을 해줄 수 있는 가족환경에서 자녀의 독립이 이루어지면 부모는 긍정적인 반응을 보인다고 하였다. 따라서 중년주부가 예상했던 시기에 자녀의 독립이 이루어지느냐의 여부는 그들에게 중요한 영향을 미치게 된다는 점이 최근의 연구들에서 공통적으로 지적되고 있다. 그리하여 중년주부가 예상했던 시기에 자녀가 독립하지 못하면 그들은 긴장, 우울, 위기감을 겪게 되거나 가족관계에서 문제를 경험하게 된다(Davidson & Moore, 1996; Lamanna & Riedman, 1994; McLanahan & Adams, 1988). 이것은 자녀의 결혼이 자녀 스스로의 선택이라기보다 부모의 책임으로 인식되는 우리사회에서는 더욱 그러하리라 예상된다(이동원 등, 1997).

또한 Davidson과 Moore(1996)는 자녀의 독립시기 동안 가장 중요한 것은 가족체계의 자원으로 개방되고 기능적인 의사소통, 정서적 유대감과 지지 등의 자원을 갖고 있는 가족들은 이런 변화에 덜 취약적이며, 강력하고 확신에 찬 부모들은 그 상황에서 긍정적인 요소를 발견함으로써 자녀의 독립상황을 재구조화할 수 있다고 했다.

한편 가족유형에 따라 자녀의 독립에 대해 각기 다른 반응을 보인다는 견해도 제시되었다(Donna et al., 1994). 즉, 가족성원의 개성을 인정하지 않는 그물형 가족의 부모는 마지못해 자녀를 떠나보내는 경향이 있는 반면, 가족 간에 일체감이 없는 격리형 가족의 부모는 일찍부터 자녀를 떠나보내려는 경향이 있다고 했다.

따라서 자녀의 독립이 어머니의 복지감 또는 적응에 미치는 영향력은 단지 자녀의 독립 그 자체만이 아니라 어머니 역할이 가지는 의미, 자녀의 독립시기, 가족환경과 자원, 자녀와 어머니간의 친밀감 정도 등이 복합적으로 관련된다고 하겠다.

또한 중년주부들이 자녀의 독립이 곧 어머니 역할의 상실이라는 인식은 가지고 있지만 실제 생활에서는 자녀의 독립과 상관없이 어머니 역할이 지속되고 있다는 외국의 연구결과(Papalia & Olds, 1995; White & Edward, 1990)에서도 알 수 있듯이, 서구와 우리나라의 중년기 주부 모두에게 자녀의 독립 그 자체가 어머니 역할의 상실을 의미하기보다는 역할의 내용이 변화하는 것이고 역할수행의 방법이 변화하는 것일 뿐이지 어머니 역할은 평생에 걸쳐서 지속된다고 하겠다.

그러나 여하튼 자녀의 독립 그 자체는 중년주부들에게 다양한 변화를 가져다주는 중요한 생활사건으로 과거와 현재의 비연속성을 경험하게 하며(Barber, 1981), 새로운 역할 정립과 함께 새로운 정체감의 구축을 요구하게 된다(Binger, 1993). 그러므로 자녀의 독립에 따른 변화에 적응하기 위해서는 발생된 변화를 부인하기보다 변화에 적극적으로 대처해야 한다. 따라서 중년기 주부들은 자녀의 독립을 미리부터 예견하여 적극적으로 수용해야 하며, 자아를 확대하여 개인뿐 아니라 가족, 사회의 복지실현을 위한 생산성 개념을 갖고 적극적으로 생활하여야 할 것이다. 또한 자녀의 독립은 중년주부 개인뿐 아니라 부부관계에도 커다란 영향을 미치게 되므로 평등한 부부관계로의 재정립도 함께 이루어야 할 것이다.

3) 한국가족에서의 어머니와 성인자녀의 관계

앞에서 언급한 일반적인 세대차이와 함께 급격한 사회변동을 경험한 우리나라에서는 중년세대의 어머니와 성인자녀 간의 세대차이는 더 더욱 크다고 하겠다. 비교적 근대화된 사회에서 합리주의, 평등주의, 민주주의 등의 근대적 교육을 받았음에도, 가정과 사회에서의 실제생활은 전통주의, 권위주의에 뿌리를 두고 있는 중년여성들은 여전히 자녀에 대한 어머니로서의 역할을 중시하는 유교적 여성상을 지니고 있다. 반면 자녀들은 80년대를 전후한 풍요로운 환경에서 출생하여 보다 개인주의적·합리적 가치관을 지니고 있으며, 따라서 전통적인 윤리를 받아들이려 하지 않는다. 이러한 두 세대의 성장 환경의 차이는 결국 가치관, 생활양식, 사회의식 등의 현격한 차이를 낳게 되며, 이는 세대 간의 갈등요인이 된다(김명자·송말희, 1998: 여성한국사회연구회, 1995: 이동원 등, 1997).

즉, 중년의 어머니들은 부부중심이 아닌 자녀중심적 부부관계를 지향하여, 자식을 위해 일방적인 희생을 하며, 이러한 희생은 자녀들이 성숙한 후에도 끊임없이 계속된다(이동원 외, 1997). 그리하여 자신을 '여성'으로서 지각하기보다 '어머니'로서 지각하는 경향이 많으며, 자녀에 대한 애착이 강해, 認知와 情意가 미분화된 공생적 관계를 지속시키려 한다(김재은, 1974: 김태희, 1995). 이러한 자녀에 대한 맹목적 애착과 일체감은 자녀의 장래나 행동에 대해 지나친 관여를 낳아 자녀의 자율성, 독립성 발달에 장애가 된다(김활란, 1995: 박제현, 1993: 유은희·홍숙자, 1998).

조병은 등(1995)에 의하면, 청년기 자녀와 중년의 어머니와의 애착은 비교적 높고 어머니들은 자신과 자녀의 일에 대한 경계 개념을 확실히 지니고 있지 못하는 것으로 나타났다. 따라서 자녀의 자율성이 비교적 낮아, 자율적인 의사결정을 행하는 경향이 매우 적은 것으로 나타났다.

그리하여 어머니의 자녀에 대한 애착과 일체감 그리고 자녀의 부모에 대한 의존성 증가는 성인자녀들의 홀로서기를 위협한다. 이것은 자녀의 독립과정이 비교적 뚜렷이 드러나서 중년기가 자녀의 독립으로 인한 '빈둥우리기'로 인식되는 서구와는 달리, 우리나라에서는 가족생활주기가 변해도 어머니의 역할수행 부담감은 유의한 차이를 보이지 않아서 자녀가 성장·독립한 후에도 어머니로서의 부담감이 감소하지 않음을 보고한 연구(진미정, 1993)와 3세대에 걸쳐 어머니와 자녀간의 애착관계가 비교적 안정도가 높고 전 생애에 거쳐 발달되고 있다는 연구(조병은 외, 1995) 등을 통해서도 알 수 있다. 결국 우리의 중년의 어머니들은 자녀의 실제적인 독립과 상관없이 자녀에 대해 끊임없는 보호와 교육을 담당하며(진미정, 1993), 자녀가 결혼한 이후에도 경제적·물질적 지원을 계속함으로써 평생에 걸쳐 어머니 역할을 수행한다(김태희, 1995).

그리하여 자녀에 대한 지나친 애착과 일치감은 자녀들이 성장하면서 부모와의 분리-개별화 과정을 거쳐 독자적인 성인지위로 진입하는데 장애가 될 뿐 아니라, 중년기 주부들 자신에게도 긴장과 부담이 되어 심리적 복지감에 부정적인 영향을 미치게 된다(김미진, 1995). 중년기 여성의 어머니 역할수행 부담과 심리적 복지에 관한 연구(진미정, 1993)에서 중년기 주부는 자녀와 비교적 높은 일체감을 보였으며, 어머니 역할수행에 대해 어느 정도 부담을 가지는 것으로 나타났는데, 이 부담감은 우울과는 정적인 관련을, 자존감과는 부적인 관련을 보이면서 심리적 복지에 부정적인 영향을 미치는 것으로 나타났다.

그리하여 우리나라 중년주부의 높은 자녀와의 일체감과 어머니 역할수행 부담은 서로 관계가 있는 것으로 여겨지며, 또한 어머니 역할수행 부담이 어머니로서의 자기 자신에 대한 부정적인 평가와 맞물려 있음을 보여준다고 하겠다. 즉, 우리사회의 이상적인 어머니에 대한 높은 기대감과 어머니 자신의 자녀에 대한 강한 일체감은 어머니 역할수행에 심리적인 부담으로 작용하여, 이상적인 어머니상에 도달하지 못한다는 자기평가는 중년기 주부의 자존감과 생활만족도에 부정적인 영향을 미치게 된다(김미진, 1995).

한편 전통적인 가족주의 의식을 지니고 있는 우리의 중년기 주부들은 부모-자녀관계를 불평등한 지배-복종의 관계로 생각하여, 부모의 가르침에 대한 자녀들의 무조건적인 순종을 요구하는 권위적인 양육형태를 지향하고 있다. 그리하여 인간관계에서 평등을 중시하여 민주적인 부모-자녀관계를 지향하는 자녀들은 부모에 대한 불만과 반항을 노골적으로 표출하게 된다(김애순·윤진, 1997: 이춘재, 1997).

즉, 어머니는 자녀들을 자신의 예속물로 생각하는 분위기에서 살아왔기 때문에 자녀들의 모든 생활을 견제하고 간섭하며 심지어는 결혼문제까지 개입하려 하면서도 자녀들의 의견을 중시하기보다는 자녀의 행동을 수정하려는 일방적인 지시, 명령, 훈계, 설교, 비판 등의 의사소통 형태를 나타내 자녀와의 갈등을 심화시키는 원인이 된다(백양희·최외선, 1997). 그리하여 청소년들은 부모-자녀 관계에서 대화의 부족을 가장 큰 문제점으로 지각하며, 특히 대화보다는 솔직하지 않고 권위를 내세우며 자신의 잘못을 인정하지 않는 부모에 대해 가장 높은 불만을 나타낸다(고성혜, 1985: 조흥식, 1995). 즉, 중년의 어머니들은 자신들이 권위주의적이라는 점을 인정하고 그것을 수정하기보다는 당연한 권위를 행사하고 있다고 생각하는 반면에, 자녀세대들은 그것을 부당하게 생각하고 거부하며 벗어나려고 하기 때문에 갈등이 발생하게 된다.

특히 자녀가 성인기가 되면 점차 자립의 행동범위가 넓어지고 동료와의 관계에서 평등한 자주성과 독립심을 경험함에 따라 부모를 현실화하여 부모도 개인적인 특성과 일반적인 행동양식을 따르는 인간으로 지각하기 시작한다. 그에 따라 부모가 갖는 절대적 권위에 대해 불만을 느끼고 반항하는 태도를 보이면서 부모-자녀관계에서의 권위와 지배의 재조정을 요구하게 된다(이주옥, 1993). 그리하여 지금까지의 상하-수직적 부모자녀 관계에서 수평적 관계로 재정립하는 과정을 겪게 되지만(송정아·윤명선, 1997), 어머니들은 여전히 자녀를 자신의 분신으로 보호하려 하며 성인으로서의 자녀를 인정하려 하지 않기 때문에 갈등이 발생하게 된다(김애순·윤진, 1997). 그러나 최근에는 어머니에 비해 높은 자녀들의 학력과 더 많은 정보의 습득은 어머니의 경험과 지식을 무의미한 것으로 만들면서 어머니의 권위를 무너뜨리고 있다.

　한편 三從之道의 전통적 가치관에서 완전히 벗어나지 못한 우리나라의 중년 주부들은 자식을 통해 자아를 성취하는 대리성취의 삶에 집착하는 경향이 있다. 즉 그들은 자녀가 입학한 대학의 위상을 곧 자신의 사회적 위상과 동일시할 뿐만 아니라, 나아가 자녀의 출세를 곧 자신의 성취로 여긴다(이동원 외, 1997). 유성은(1997)은 이러한 대리성취의 삶을, 자신에게 의미 있는 타인에게 비현실적인 기준을 부과하고 그 기준을 완벽하게 해내도록 기대하며, 타인의 수행을 엄격하게 평가하는 것을 포함하는 타인 지향적 완벽주의와 관련이 있음을 주장했다. 그리하여 특히 청소년기 이상의 자녀를 둔 중년주부들은 자녀에게 높은 기준을 부여하고 이러한 기준을 충족시키지 못했을 때 실망감과 좌절감을 느끼게 되며, 이것이 심화되면 결국 우울증과 같은 부적응을 초래한다고 하였다.

　이상의 논의를 정리해 보면, 우리나라의 가족구조는 형태상으로는 서구의 부부중심 가족과 유사한 '핵가족'이지만, 내용면에서는 여전히 자녀중심의 가족문화가 존재하여, 특히 중년기 주부들은 어머니 역할을 자신의 삶의 의미로 여기며 자녀를 통해 자신의 삶을 규정하려 한다고 할 수 있다. 그리하여 그들의 삶의 행복 여부는 자녀와의 관계에 의해 전적으로 결정된다 해도 과언이 아닐 것이다. 따라서 그들은 자녀와의 세대차이를 상대적으로 무시하려 하며, 자녀와 밀착된 관계를 맺고 있다고 믿으려 한다. 청소년과 어머니의 2인의 쌍에게 관계만족도를 각각 조사한 결과(김태희, 1995), 어머니가 청소년보다 관계만족도가 높은 것으로 나타났다는 것에서도 이를 알 수 있다. 이러한 시각차는 의사소통 유형에 있어서도 그대로 나타나, 어머니와 청소년 자녀 쌍을 대상으로 그들이 지각하는 의사소통 유형을 살펴본 결과(김오남·김경신, 1994: 박은주·김경신, 1995), 어머니들에게서는 양방개방형 비율이 가장 높게 나타난 반면, 자녀들에게서는 양방차단형의 비율이 가장 높게 나타나, 서로 간에 의사소통 유형에 대한 지각 불일치

현상을 보이고 있다.

그러나 어머니와 자녀간의 이런 견해 차이는 갈등의 소지를 낳게 된다. 면접조사와 TAT(주제통각검사)를 이용해서 대학생 이상의 청년들을 대상으로 부모와의 갈등을 연구한 결과, 그들은 부모의 이미지를 매사에 간섭이 심하고 강요적이면서도 실제로 관심을 바라는 부분에서는 무관심한 부모로 투사하였으며(이정숙·김유광·서병숙, 1995), 또한 청년의 자녀들은 부모의 맹목적인 집착에 근거한 과보호와 사랑을 위주로 한 교육이 구별되어야만 함을 주장하였다(김애순·윤진, 1997).

한편 우리나라의 부모-자녀 관계에 관한 연구들은 대부분 유아기, 아동기, 청소년기 자녀들과 어머니와의 관계에 집중되어 있어서 청년기 이후의 미혼자녀와의 관계에 관한 연구는 거의 전무한 실정이다. 특히 자녀들이 성인이 되어도 결혼을 하지 않는 한 독립이 어려운 우리의 실정에서, 과거에 비해 길어지는 교육기간과 결혼 전 취업기간의 연장 등으로 자녀들의 만혼이 증가하여 성인기 이후의 자녀들과 중년의 어머니가 함께 하는 기간이 점점 길어지기 때문에, 이 시기의 어머니와 자녀와의 관계는 양측 모두의 복지감에 매우 중요한 영향을 미치리라 생각된다. 따라서 성인자녀와 중년의 어머니와의 관계에 대한 연구들이 절실히 요구되는 시점이다.

2. 중년기 주부를 위한 가족생활교육의 필요성

1) 중년기 주부를 위한 가족생활교육의 필요성

현대사회의 과학기술 발달과 그에 따른 정보·통신 매체의 발달로 인한 지식 및 정보의 폭발, 사회문화의 변화에 따른 가치관의 다양화와 혼란 등은 개인에게 다양한 변화를 강요하면서 무력감과 소외감을 경험하게 한다. 따라서 가정 내외의 급속한 환경변화 속에서 개인의 자아실현을 도와주고 성장할 수 있도록 돕는 평생교육의 중요성이 부각되고 있다(권두승, 1995: 김충기·정채기, 1996: 이상원, 1986). 특히 성인들은 자신의 가족생활에 대한 욕구뿐 아니라 다음 세대의 사회화라는 책임을 안고 있기 때문에 성인기가 가족생활교육의 핵심 대상이 된다(Hennon & Arcus, 1993).

한편 가족주의의 약화에 따른 부모 권위의 약화와 다양한 사회화 기관의 출현으로 최초의 교육기제이자 평생에 걸쳐 그 중요성을 강조해도 지나침이 없는 가정교육이 약화되고 있는 오늘날의 상황에서는 올바른 가정교육을 수행하기 위해서 부모나 성인의 교육의 질을 높이는 일은 시급한 일이다(김충기·정채기, 1996: 최진복, 1988). 특히 평생교육적 관점에서 가정교육의 문제를 접근해가는 방법으로는 가족생활주기 이론을 근거로 하는 것이 바람직한 방법으로, 각 단계에 따라 가족구성원의 변화, 가족 내 인간관계의 다양화, 역할분담의 변화, 문화의 질적 추구 등이 상이해짐을 고려하여 각각의 단계에 알맞은 교육을 실시하여 가정교육이 올바로 설 수 있도록 도와줄 필요가 있다(김충기·정채기, 1996).

또한 김재인(1987)은 아동·청소년기에는 학교 제도적 교육을 통해 미래생활을 준비하고, 성인기가 되면 생산성 증대를 위해 사회교육에 참여하여 자아의 발달과 지위 향상을 꾀하도록 하며, 노년기에는 인간주의적 관점에서 노년기를 편안한 상태로 즐기면서 인생을 마무리 짓는 마음을 가질 수 있도록 하는데 교육이 기여해야 함을 지적하였다.

이렇듯 현대라는 시대적 상황이 성인들에게 계속적인 교육의 필요성을 강조하고 있으나, 현행 교육체제는 전체 인구 가운데 가장 활동적이며 가장 수가 많고 연령층이 넓은 성인기를 외면하고 있는 실정이다(김충기·정채기, 1996). 송정아(1996b)는 중년기는 지도자로서 가족과 사회를 위해 다른 어느 시기보다 열심히 봉사하는 시기로 상호세대간의 문제, 개별적인 문제, 부부문제 등으로 어려움을 겪고 있으나 이런 어려움과 갈등을 호소할 기관이나 시설이 전무한 실정임을 지적하면서 이들을 위한 가족생활교육의 필요성을 주장하였다.

특히 중년주부들의 경우, 경제성장과 기술발달에 따른 생활도구의 과학화와 기계화 그리고 가족형태의 핵가족화 등으로 종래의 과중했던 가사노동에서 벗어나면서 과거보다 여가시간이 증대되었다. 그러나 여가시간의 증대가 곧 안정되고 행복한 생활을 의미하는 것은 아니어서, 최근 중년주부들이 여가의 의미를 올바르게 인식하지 못하여 향락적인 여가문화를 추구함으로써 결혼생활의 파경과 사회적 문제를 일으키는 경우가 매스컴에 종종 보도되고 있다. 따라서 중년주부들이 자신을 위해 쓸 수 있는 시간이 많아졌다는 것은, 그 시간을 그들 자신의 내적 성숙과 발전을 위하여 활용하지 않으면 안 된다는 사실을 의미하며, 이것은 곧 중년주부들의 제3의 삶을 풍요롭게 하기 위한 평생교육의 필요성을 의미한다.

그리하여 이기숙(1996)은 늘어난 중년주부들의 여가시간이 개인과 사회를 위해 긍정적인 기회로 활용되기 위해서 첫째, 중년기가 새로운 성장의 시기라는 개념의 확산과 둘째, 사회봉사의 삶을 살아야 한다는 것과 셋째로 진정한 여성 개발을 위한 교육프로그램에 참여해야 한다는 점을 강조하였다.

몇몇 연구들이 중년주부들의 여가선용을 위한 여성 성인교육의 필요성을 제기하였고(안복심, 1996: 이혜숙, 1992: 최원배, 1994), 이정우(1997)도 이 시간을 자신의 재교육에 투자하여 자신의 잠재적 능력을 발휘하는 자아성장의 실현 기회와 사회 전체의 발전에 기여하는 계기가 되도록 하여야 할 것이라고 하였다.

특히 우리나라의 중년기 주부들은 '가족'이 생의 중심이요, 삶 전체를 의미한다 해도 과언이 아니므로, 본 연구에서는 평생교육 중 특히 가족과 관련된 다양한 내용을 다룸으로써 개인의 잠재력 개발과 삶의 질 향상, 나아가 가족의 발달을 돕는 가족생활교육의 필요성을 중심으로 다루고자 한다.

　사회적으로나 가정적으로 성숙하고 책임감 있는 중년기 주부의 역할이 요구되는 현대사회에서 중년기 여성들의 위기감이 높게 되면 가족문제, 사회문제를 유발할 가능성이 많아지므로 중년기 주부가 위기감에 스스로 대처하는 능력을 갖는 것은 개인의 생활은 물론 가정의 원만한 기능과 안녕을 유지하는데 매우 중요하다. 따라서 중년기 위기감에 대한 선행연구들은 중년여성의 적응력을 강화하는 방안으로 평생교육을 들고 있다(강정희, 1996: 김명자, 1989: 김재은, 1983: 신기영·옥선화 1991: 이혜숙, 1992: 장하경·서병숙, 1992).

　이상원(1986)은 가족생활주기의 후기단계인 중년기는 가족 발달단계 중 중요한 시기로, 중년기 여성이 자녀의 독립과 더불어 공허감을 느끼기 시작하면서 자신의 문제로 되돌아오게 될 때 신체적 노화와 함께 심리적 위기에 봉착하게 되는데, 이 때 중년기 발달과업에 대한 지식이나 준비가 없으면 가족발달상의 난점을 극복하기 힘들게 되므로 중년여성을 위한 가족생활교육의 필요성을 강조하였다. 또한 김애순(1993)은 중년기 위기감이 개인 내적 요인과 가족관계 등의 상호작용에서 기인되고 위기감이 다시 가족과 사회생활에 파급되므로 사회적으로 적절한 배려가 있어야 하는데 그것이 바로 평생교육임을 지적하였다. 즉, 평생교육을 통해 중년기에 대한 보다 폭넓은 이해와 개방적인 대처방안을 제시하고, 중년의 위기 경험이 부정적인 현상만은 아니며 자신의 삶의 태도를 內省해봄으로써 성장의 기회가 될 수 있다는 것을 인식시킬 필요가 있다고 했다.

　Marta(1997)는 위기를 사회심리적 개념으로 정의하면서, 두 가지 중요한 의미로 장애(obstacle) 對 자원과, 취약성(vulnerability) 對 탄력성(resilience)을 들고 있다. 그는 새로운 사건 또는 도전을 맞았을 때 사건과 자원이 균형을 이루지 못하거나, 도전을 극복할 수 있는 자원을 갖고 있지 못할 때 위기를 맞게 된다고 했다. 또한 사건이 발생했을 때 취약성을 드러내기보다 극복하기 위한 탄력성을 가져야 위기로 발달하지 않는다고 했다. 그 외의 연구에서도 중년기 전환의 심각성 정도는 연령보다는 개인의 생활환경과 그것을 다룰 개인의 자원에 달려있음을 주장하면서 특히 삶에 대한 주인의식과 타인과의 개방적인 관계, 효율적인 대인관계 기술과 사회적 균형 감각이 필요함을 강조하였다(Klohnen et al., 1996; Papalia & Olds, 1995).

따라서 중년기에 경험하는 생활사건들을 극복하여 위기가 아닌 성숙의 기회로 삼으며, 발달과업을 성공적으로 수행하기 위해서는 개인들이 자원을 준비·강화할 수 있는 가족생활교육이 필요하며, 특히 중년기 여성의 긍정적 사고를 고취시켜 자존감을 고양시키며, 가족원간의 의사소통 향상을 통해 기능적인 가족을 조성토록 하는 가족생활교육이 필요하다고 하겠다. 이런 교육에의 참여는 중년기의 위기극복에 도움을 줄 것이며, 나아가 제2의 도약을 위한 기회를 제공하게 될 것이다.

한편 중년기 주부들이 신체적인 변화 특히 폐경에 의해 위기감을 겪게 되기도 해, 폐경에 대해 긍정적인 인식을 갖는 것이 중년기 주부의 심리적 복지에 무엇보다도 중요하며(송애리, 1997), 또한 생리적 변화에 대한 지식을 지니고 있는 여성들이 폐경을 보다 긍정적으로 받아들인다는 연구(Seymour, 1987)에서도 알 수 있듯이, 중년기에 나타나는 다양한 신체적·생리적 변화를 미리 알려 주며 특히 폐경이 중년기에 일어나는 많은 전환 중의 단지 하나의 전환임을 인식하도록 하는 가족생활교육을 통해 중년기 주부들이 적극적이고 만족스러운 생활양식을 개발하고 유지시키도록 하여야 할 것이다.

또한 중년기에 이르면 개인은 오랜 세월동안의 역할학습을 통해 쉽게 수정되지 않는 태도와 견해를 지니게 되어 자신의 인식과 행동을 위협하는 변화에 대해 저항하게 된다. 그러나 인간은 역동적인 유기체로, 자신이 생활하고 있는 환경이 계속 변화하는 한 환경변화에 대처하고 환경변화를 정복해야만 한다(Wilfrid & Zander, 1993). 중년주부에게 있어서 진수기, 빈 둥우리로의 전환은 변화의 주요한 원인이 되는데, 특히 중년주부 중 전업주부는 변화에 대처하는 속도가 민첩하지 못하며, 한정된 사회생활로 인한 사고의 경직성으로 긴장을 경험하게 되면서 자아실현의 어려움에 봉착하게 된다(강정희, 1996). 이렇게 오래된 습관은 비 학습적인 것으로 자동적으로 변화하지는 못하지만 학습경험에 의해서는 변화를 이룰 수 있으므로 지속적인 학습, 다양한 경험, 개방된 사회가 중년기의 개인적 성장과 성취를 위해 반드시 필요하다(Raluger & Kaluger, 1979). 즉 중년여성이 사회변화를 인식하고 적응하기 위해서는 자신이 지니고 있는 오래된 습관을 변화하려는 노력이 필요한데 이는 개인적인 노력만으로는 해결되지 않으므로 중년여성에게 가족생활교육을 통해 다양한 정보를 제공함으로써 변화의 필요성과 자극을 제공하여야 할 것이다.

이러한 변화는 창의성과 직결되는 것으로, Newman과 Newman(1979)은 중년기 발달과업의 주요한 과제인 생산성 발달에 중요한 영향을 미치는 요인은 창의성으로, 이는 지금까지 일을 처리해왔던 오래된 형태나 양식을 기꺼이 포기하며 새로운 방식으로 생각하는 능력이라고 했다. 이 창의적인 노력을 통해 개인은 자신의 견해를 표현하고 아이디어를 구성하며 조직화할 수 있는데, 중년기에는 특히 가족, 자녀양육, 직장 등에서 창조적으로 문제해결을 해야 할 상황에 처하게 되면서 창의성이 절대적으로 필요하게 된다. 따라서 중년기 주부에게 창의성 향상을 위한 교육이 반드시 제공되어야 하는데, 이는 기존의 강의위주의 교육에서 벗어나 여러 다양한 상황에서 다양한 문제를 경험하도록 함으로써 스스로 문제를 해결할 수 있는 학습자 중심의 교육방법으로 중년기 가족생활교육이 제공되어야 함을 의미한다(이상원, 1986: 차갑부, 1993).

게다가 정규적인 학교교육만으로 교육이 끝난 성인들은 정신력의 황폐화가 급속히 나타나기 쉬운 반면, 학교제도 이외의 활동이나 평생교육에 참여한 경험이 있는 성인들은 중년기에도 정신력이 성장할 가능성이 있으므로(Raluger & Kaluger, 1979), 중년기에 더 이상의 정신력의 황폐화를 막고 생활의 질을 높일 수 있는 방안으로 가족생활교육이 필요하다고 하겠다.

Allder(1990)는 40세에서 55세 연령집단의 임상부부와 비 임상부부를 대상으로 정체감 위기에 대한 질적 연구 결과, 두 집단 모두 취업, 재입학, 친구관계 유지 등 자신을 위한 특별한 場을 발견하는데 일차적인 관심은 있음을 밝혔다. 이것은 자신의 개인적 성취에 대한 긍정적인 평가가 중년기 자아정체감에 중요한 영향을 미친다는 것을 의미한다. 이는 Papalia와 Olds(1995)가 오랫동안 자녀를 돌본 이들은 다른 이를 돌보는데 다시 관심을 기울이기 전에 잠시 동안 자신을 돌볼 필요가 있음을 지적했듯이, 중년기 주부에게는 자아평가의 기회를 통해 자아존중감을 높이며 자아정체감을 재조직하는데 도움을 줄 수 있는 가족생활교육이 필요함을 의미한다.

또한 Lenz(1980)는 성인교육의 중요한 대상으로 중년기 여성, 중년기 직업전환자, 은퇴자의 세 집단 중 중년기 여성이 가장 큰 학습자 집단이며, 특히 빈 둥우리 시기의 여성들이 주 대상이라고 하였다. 그는 중년기 여성의 대부분이 문화적으로 아내와 어머니 역할에 근거해서 자아개념을 구축해왔는데 중년 이후 자신들의 역할이 점차 줄어들게 되면서 그들은 정체감 구축의 새로운 방법을 추구하게 되고 이 때 도움을 줄 수 있는 것이 바로 성인교육이라고 했다. 따라서 이 시기에 중년기 주부를 위해 삶을 확장시키는 성인교육을 제공해줌으로써 그들은 새로운 자아를 발견하고 정체감을 구축할 수 있게 되며 심리적 보상감을 얻게 될 것이다.

한편 중년기 전환은 그들 삶을 재구조화하는 두 번째 기회로, 이 시기는 생각과 행동의 변화에 대한 학습을 통해 자신의 행복을 회복할 수 있는 시기이다(Binger, 1993). 즉, 이 시기는 인생의 절반을 이미 지낸 중년기 여성들이 남은 인생의 행복 여부를 결정할 수 있는 중요한 시기로 그것은 교육에의 참여여부에 달려있다고 해도 과언이 아니다. 그러므로 인생의 전환기에 처해있는 중년기 여성들에게 변화를 적극적으로 수용하며 적응력을 높일 수 있는 가족생활교육을 제공하여 인생 후반기의 삶의 질 향상에 기여해야 할 것이다. Menaghan(1983)은 전환기에 속해 있는 주부의 비 가족역할에의 참여는 그것이 자원으로 쓰여 문제를 약화·회복시키는데 도움을 준다고 하면서, 중년기 여성들의 다양한 사회활동의 필요성을 주장하였다. 특히 변화를 최상으로 예견할 수 있는 교육에의 적극적인 참여는 문제해결의 자원을 제공하는데 커다란 역할을 할 것으로 기대된다고 했다.

한편 우리나라의 중년기 부인의 생활만족도 중 여가 및 사회참여 만족도가 가장 낮은 것으로 나타났는데(유지영·김명자, 1996), 이러한 현실은 자녀가 모두 독립한 후 빈 둥우리 증후군의 문제점을 야기 시킬 뿐 아니라 정보화 시대의 적응과 중년기 후반의 삶의 질에 부정적 영향을 미칠 수 있다는 점에서 상당한 문제점을 내포하고 있다고 할 수 있다. 따라서 이러한 문제점을 미연에 방지하고, 중년기 여성에게 잠재되어 있는 능력을 개인과 사회에 긍정적인 방향으로 전환할 수 있는 가족생활교육이 우리나라에서는 더욱 절실히 요구된다.

또한 중년기 주부들이 지금까지의 관계위주의 사회화의 결과, 전통적인 여성상에 몰입되어 있다가 중년기에 독자적인 자아를 찾기 위해서는 많은 어려움을 경험하게 되고 이것이 중년기 주부의 위기와 관련되므로 융통성과 적응성, 그리고 성공적인 노화와 관련이 있는 양성성의 개념(Wilfrid & Zander, 1993)이 가정과 사회에서 절실히 필요하다고 하겠다. 그리하여 제도교육에서의 양성성 개념의 확산과 함께 가족생활주기의 전 단계의 부모들을 대상으로 가족생활교육을 통해 양성성 지향의 사회화의 필요성을 인식시키며 이를 실천으로 옮기기 위한 노력을 적극 권장하여야 할 것이다.

요약하면 개인과 가족 차원에서 다양한 변화를 경험하게 되는 중년기 여성에게, 잠재력을 개발하고 새로운 정체감을 구축하도록 하는 가족생활교육은 위기를 극복하며 자아실현을 이룩하고, 발달과업을 효율적으로 수행토록 하는데 기여하게 될 것이다. 아울러 상황을 객관적으로 수용하는 태도 변화와 새로운 역할 선택을 성공적으로 이룩하도록 함으로써 중년주부들의 삶의 만족도를 높일 뿐 아니라 사회의 복지증진에도 기여하게 될 것이다. 따라서 중년기 주부를 위한 가족생활교육은 아무리 강조해도 지나치지 않으며, 이를 위한 학계에서의 지속적인 연구와 노력 그리고 실제생활에서의 다양한 교육 프로그램의 실시가 요구된다.

2) 성인자녀와의 관계향상을 위한 가족생활교육의 필요성

오늘날과 같이 급변하는 시대의 부모들은 변화된 부모역할을 요구하는 새로운 환경과 도전에 직면하고 있다. 즉, 지식의 급속한 변화, 정보의 급증 등과 같은 현대사회의 일련의 변화는 이러한 변화에 능동적으로 적응할 수 있는 부모를 요구하고 있다. 또한 부모 자녀 관계가 과거의 부모에게서 자녀에게로 영향력이 일방적으로 흐르는 관계가 아니라 상호관계로 변화하게 되면서 부모세대들은 과거의 전통적인 자녀양육 방식이 현대에는 부적절하다는 것을 인식하게 되었고, 실제 자녀양육 과정에서 많은 어려움을 겪고 있다(유은희, 1988). 그에 따라 부모들은 자신의 부모역할을 재검토해보고자 하는 욕구를 갖게 되었고 자녀의 성장에 따른 부모역할 변화의 필요성을 절감하게 되었다. 그리하여 시대적 요구이자 부모 당사자들의 요구이기도 한 진정한 부모 됨을 위한 노력의 일환으로 부모교육이 절실히 필요하게 되었다(김동위, 1996: 유은희, 1998: 유은희·홍숙자, 1998: 윤종희, 1996: 정방자, 1993: Linda, 1994).

한편 권두승(1995)은 현대사회가 안고 있는 위기상황의 하나인 세대 관계에서 일어나는 문제에 대한 해결책으로 평생교육을 제시하고 있다. 즉, 청소년과 성인간의 커뮤니케이션 및 의견의 교환, 부모와 자식간의 대화가 매우 빈약한 현재의 위기상황은 연장자인 성인에게 그 주된 책임이 있어서, 서로 간에 이해를 촉진하고 적응과 쇄신을 기하기 위해서는 성인 자신이 학습을 계속하여 자신의 지식과 경험에 대한 끊임없는 반성을 해야 한다고 하였다. 특히 자녀양육을 전적으로 책임지고 있는 어머니들에게는 자녀가 성장함에 따라 어머니 역할에 융통성과 창의적인 재적응이 더욱 요구되므로, 평생에 걸쳐서 자녀의 발달단계에 따른 부모교육이 절실히 필요하다(Earhart, 1980). 특히 현대사회는 이혼가족, 재혼가족, 별거 등과 같이 가족구조의 변화와 다양화에 의해 부모역할이 자연스러운 것이 아니라 어려운 역할로 인식되면서 또 다른 관점에서 부모교육의 필요성이 제기되고 있다(Roberts, 1994).

먼저 발달단계에 따라 청소년 자녀를 둔 부모들을 위한 가족생활교육의 필요성을 살펴보면, 최규련(1996)은 청소년기 자녀가 있는 가족은 다른 가족주기 상의 단계에 비해 갈등이 많으며, 상담가족 중 가장 높은 비율을 차지하고 있지만, 이 단계의 부모들을 위한 연구와 지원 대책이 미흡함을 지적하면서 청소년 문제의 해결과 예방 대책으로 가족생활교육의 필요성을 주장하였다.

Small과 Eastman(1991)은 현대사회의 다양한 변화와 청소년기 특성의 변화는 청소년 자신뿐 아니라 청소년 자녀의 부모에게도 똑같은 어려움을 가져다주게 된다고 했다. 그들은 첫째, 청소년기의 장기화는 부모의 책임기간 증대와 자녀들을 어떻게 기를 것인가에 관한 더 큰 불안을 가져다주고 둘째, 급격한 사회문화적 변화, 경쟁적인 정보의 흐름과 다중 문화적 현대사회의 가치관은 부모로 하여금 청소년 자녀의 미래를 어떻게 준비시키는 것이 최선인지에 대해 혼동을 안겨주며 셋째, 현대의 청소년에게 노출되어 있는 폭력, 약물 등과 같은 많은 위험한 활동들의 결과에 대해 부모들은 과거보다 더 많은 걱정을 하게 되고 넷째, 가족과 사회관계망의 와해는 부모역할에 대한 정보와 후원의 상실을 가져와 부모들의 불안을 가중시키고 있음을 지적했다. 따라서 청소년 자녀를 둔 부모들의 자녀양육에 대한 불안과 혼동을 해결하기 위해서는 자녀양육에 관한 다양한 정보를 제공하며 건전한 가치관을 심어줄 수 있는 부모교육이 절대적으로 필요하다고 하였다.

또한 교육프로그램에의 참여는 비슷한 또래 부모들과의 경험을 공유토록 함으로써 심리적 위안과 동료의식을 갖게 하여 사회지원망의 역할을 하며, 동료집단간의 정보교환은 특히 가치 있는 자원이 되어 현대사회의 부모들에게 자녀의 든든한 안내자로서의 역할수행을 돕도록 한다(김동위, 1996; Hennon & Arcus, 1993; Small & Eastman, 1991).

한편 윤진(1997)은 중년기에는 자녀들의 성장에 따른 독립 욕구의 증대, 그리고 가치관의 차이에 의해 생활의 제 측면에서 세대 간에 다양한 갈등을 가장 많이 경험하는 시기로, 그 중요한 원인을 부모들이 자녀에 대한 적절한 부모교육을 받을 기회가 없음을 지적하였으며, Hildreth와 Sugawara(1993)도 이러한 세대 간의 갈등을 대처하도록 돕는 것이 바로 가족생활교육의 중요한 영역이라고 했다.

유영주와 오윤자(1990)도 중년의 기혼남녀가 부모-자녀 관계에서 심각한 가족문제를 경험하고 있다고 했으며, 이를 해결하기 위한 대책으로 응답자의 67.7%가 가족생활교육의 필요성을 절실히 요청하고 있다고 했다. 김양희(1993) 역시 막내자녀가 대학교육기 또는 자녀독립기에 속하는 중년주부가 자녀와 가장 많은 갈등을 겪음을 밝히면서 이를 해결하기 위한 방안으로 가족생활교육의 필요성을 제시하였다.

한편 자녀들이 청소년 후기가 되면 신체적 성숙, 지적 발달, 사회적 능력의 향상 등으로 부모들은 이전과는 다른 부모역할의 시기가 된다. 청소년 후기 또는 성인초기 자녀들은 이 시기에 취업, 진학, 배우자 선택 등과 같은 중요한 선택들로 어려움을 겪게 되는데, 이 시기에 부모들은 관련된 대안들에 대해 정보를 제공하는 자문자로서 그리고 책임을 할당하고 자립심을 자극하며 자녀의 능력과 동기에 긍정적인 메시지를 보낼 수 있는 상담자로서, 그리고 자녀들이 미래에 겪게 될 위기, 책임, 발달 등을 미리 준비시키는 미래를 예견하는 안내자로서의 역할을 해야 한다(Lamanna & Riedman, 1994: Roberts, 1994). Newman과 Newman(1979) 역시, 청년후기와 성인초기의 자녀들은 정체감을 형성하고 강화시키는 시기로, 부모들은 자녀들이 이 시기를 잘 보낼 수 있도록 충고와 지원의 원천으로 존재해야 하며, 자녀들의 홍보담당자가 되기도 하고, 안정감의 근원이 되어야 한다고 했다.

따라서 신세대 자녀들에게 충고와 지원을 제공하기 위해서는 먼저 어머니 스스로가 새로운 지식과 정보를 재빨리 수용할 수 있어야만 하며 이를 위해서는 적극적인 교육에의 참여가 요청된다. 또한 성인자녀들에게 유용한 정보를 제공하고 미래를 준비시키기 위해서는 중년기 주부들에게 사회변화와 기술의 발달에 대한 정보를 제공하며 가족발달과 인간발달, 가족과 사회와의 관련성 등에 대한 교육내용을 제공하는 가족생활교육이 절실히 필요하다고 하겠다.

또한 진수기는 여성들의 생애발달에 있어서 중요한 전환기로, Roberts(1994)는 자녀들이 청년후기가 되면 청년인 자녀가 적절한 시기에 집을 떠나는 것을 받아들여야만 하는 부모역할이 요구된다고 하였다. 한편 Binger(1993)는 자녀의 진수에 대해 예견하고 계획을 세웠던 사람들이 보다 긍정적인 적응을 한다고 하여, 중년기 주부가 자녀의 진수를 미리 예견하고 수용하면서 적응하는데 도움을 주며 자신들의 잠재력을 충분히 개발시키는데 도움을 줄 수 있는 가족생활교육이 요구된다고 하였다. 현온강(1993)도 자녀가 성장한 이후의 어머니를 위한 부모역할 교육에는 지난 시기의 자녀양육에서 경험한 만족감을 계속해서 기대해서는 안 되는 내용을 포함시켜야 하며, 자녀가 부모에게서 벗어날 때의 역할에 대한 준비도 함께 다루어야 한다고 했다. 나아가 어머니를 위한 교육뿐 아니라 배우자와 자녀에 대한 프로그램이 함께 추진되어야 할 것을 강조하였다.

한편 Davidson과 Moore(1996)는 진수기로의 전환기 동안 가장 중요한 관계는 부모역할 스트레스와 가족체계 자원 간에 존재한다고 했는데, 즉 개방적이고 기능적인 의사소통, 정서적인 유대감과 지지 등의 자원을 가지고 있는 가족들은 이런 변화에 덜 취약적이라고 하여, 가족원간의 친밀감이 전환기를 슬기롭게 극복하는 중요한 자원임을 주장하였다. Simons 등(1994)도 미혼인 성인자녀와 함께 거주하는 경우 중년기 부모들에게 중요한 것은 그들을 성인으로 대하며 신뢰하고 긴밀한 의사소통을 유지하는 것이라고 하여, 의사소통의 중요성을 언급하고 있다.

Binger(1985) 또한 세대 간의 가치관과 라이프스타일의 차이는 10대 자녀가 초기 성인기로 접근하게 되면서 더욱 두드러지게 되는데, 생활주기 상 이 단계엔 중년기 주부들이 자녀와의 효율적인 의사소통 유지에 힘을 쏟아야만 하는 시기라고 했다. 우리나라의 연구들도(김오남·김경신, 1993; 박은주·김경신, 1995; 한미선, 1992) 자녀가 청소년기에 속하는 중년기 주부는 부모 자녀 관계에서 심리적 변화를 많이 경험하게 되면서 자녀문제로 인한 스트레스를 겪게 되는데 이를 해결하기 위한 방안은 자녀와의 바람직한 커뮤니케이션 방법을 모색하는 것이라고 했다.

그리하여 청소년기 이후의 자녀를 둔 중년주부에게는 특히 자녀와의 개방적인 의사소통을 이룩할 수 있는 부모교육 프로그램이 절실히 필요하다(김순옥, 1997; 정윤경, 1997; 최규련, 1996). 특히 우리나라의 경우 부모들이 일방적이고 명령적인 의사소통 양식에서 벗어나 자녀와 동등한 관계에서 개방적인 의사소통을 할 수 있도록, 의사소통의 진정한 의미를 인식시킬 수 있는 교육내용도 매우 필요하다고 하겠다.

한편 Newman과 Newman(1979)은 중년기 주부의 여러 가지 중요한 발달과업 중 가장 우선적으로 가족성원의 욕구와 능력의 평가를 들었다. 즉 가족성원은 다양한 연령으로 구성되는데 자녀가 청소년기 이후가 되면 연령차이만으로도 갈등이 생길 수 있으므로, 특히 이시기에는 어머니가 자녀 개개인의 개인적 욕구, 선호, 기술, 재능 등에 대해 이해할 수 있어야만 하고, 그들의 다양한 욕구에 대해 기꺼이 반응하려는 자세가 필요하다고 하였다. 또한 타인의 욕구에 기꺼이 반응하기 위해서 타인을 도울 방법을 배워야만 하고, 자녀들의 기술과 재능에 민감해지는 것을 배워야만 하므로 교육에의 참여가 필요함을 지적하였다.

한편 Umberson(1989)은 부모-자녀 관계의 질은 부모의 심리적 복지와 유의미한 상관관계를 나타내, 자녀와 관계가 나쁠 때는 부모가 자신의 무가치함, 우울 등의 정신분석적 징후들을 보이는 반면에 자녀와 관계가 좋을 때는 생활만족도가 높은 것으로 나타났다. 특히 부모-자녀 관계의 질이 아버지보다 어머니의 무가치함 저하와 유의미한 관련이 있는 것으로 나타나, 자녀와 역기능적인 관계에 처해있는 중년주부들은 자신을 쓸모없는 인간으로 여기는 자기비하에 빠지게 된다고 했다. 그리하여 자녀와의 관계를 개선하고 질을 향상시키며 긍정적인 관계로 유지해나가는데 도움을 줄 수 있는 교육에의 참여가 필요하다고 하였다.

그러나 중년기 주부를 위한 자녀와의 관계개선과 질 향상을 위한 교육에 있어서 무엇보다 선행되어야 하는 것은 주부 자신의 올바른 정체감 확립과 자아존중감 구축이다. Waterman(1982)은 어머니가 긍정적이고 확실한 자아정체감을 갖고 생활하는 것은 그 자체가 생생한 역할모델이 되어 자녀에게 영향을 미친다고 했으며, Lamanna과 Riedman-(1994)도 어머니가 자신의 한계점과 인간으로서 피할 수 없는 실수를 인정하는 자기수용을 터득하게 되면 자녀들을 훨씬 더 잘 수용할 수 있게 되며, 또한 어머니의 자녀에 대한 긍정적인 탓(attribution)은 자녀에게 그대로 내면화되고, 이런 존경감은 부모-자녀 관계의 향상과 부모, 자녀 모두의 자기 이미지 향상에 기여하게 된다고 했다.

따라서 부모교육 시, 중년기 주부가 자신을 있는 그대로 수용하며 자신에 대해 자신감을 갖고 확고한 정체감을 가짐으로써 자아존중감을 극대화시킬 수 있는 교육내용이 기초교육으로 선행될 때 부모교육의 교육적 효과가 더 커질 것으로 생각된다. 그리하여 최규련(1996)은 중년기 부모와 청소년기 자녀와의 갈등해결을 위해 좋은 부모가 되기 위한 내용을 중심으로 한 가족생활교육도 중요하지만 원만한 결혼생활을 하고 성숙한 중년이 될 수 있도록 하는 교육내용도 반드시 포함시킴으로써, 부모의 원만한 결혼생활과 성숙한 인격·태도가 자녀와의 갈등을 감소시키는 효과를 가져와 청소년 자녀에게 긍정적인 영향을 준다고 했다.

그리하여 자녀와의 관계향상을 위한 가족생활교육은 중년기 주부들로 하여금 자녀와의 의사소통 증진, 1:1의 인격적 관계맺기와 아울러 자녀와의 건설적인 갈등해결을 도와 올바른 부모역할을 수행하도록 하여 자녀의 발달과업 성취에 도움을 주게 될 것이다. 뿐만 아니라, 이를 통해 중년기 주부 자신의 자긍심을 향상시키는 계기가 될 것이며 나아가 부부관계의 질 향상에도 기여하게 될 것으로 여겨진다.

3. 중년기 주부를 위한 가족생활교육과 프로그램에 관한 선행연구 고찰

가족생활교육은 그 나라의 문화적 특수성을 반영하여야만 한다는 중요한 전제와, 우리나라의 중년기 주부와 외국의 중년기 주부의 개념은 대단히 상이함으로, 이 부분에서는 우리나라의 가족생활교육에 관한 선행연구들을 중점적으로 살펴보고자 한다.

우리나라에서 현재 가장 널리 실시되고 있는 가족생활교육 프로그램은 결혼준비교육, 부부관계 향상교육과 유아기와 아동기 자녀를 둔 부모교육 프로그램 등이다(최규련, 1997). 가족생활주기 중 한 시기에 초점을 두는 경우엔 대부분 결혼준비교육 분야에 치중되어 있으며, 중년기 주부만을 대상으로 교육프로그램을 실시하는 경우는 매우 드문 실정이다. 유영주(1991)는 건전가정 육성을 위한 가족복지 프로그램의 하나로 가족생활교육을 제시했는데, 6단계 가족주기별로 각 단계에만 해당되는 전문적 내용을 제시함으로써 가족생활교육이 각 단계별로 체계적으로 이루어져야 하는 근거를 제시하였다. 그 중 자녀의 성년기 및 결혼기에는 양성적 성역할, 노후생활 준비, 자녀의 결혼 및 직업 준비, 배우자-유일한 동반자 등을 전문적 교육내용으로 들고 있어서 중년기 가족을 위한 가족생활교육의 기본방향을 제시하고 있다.

중년기 가족생활교육 프로그램이 전무한 상황에서 송정아(1996b)는 중년기 가족생활 교육프로그램 개발의 예비연구로 사회심리적인 면에 초점을 두어 중년기 부부의 위기감을 연구한 결과, 중년기 주부는 자존감, 문제해결 능력, 가치관, 대화, 헌신, 성역할 태도 등의 6개 변인에 의해 위기감이 31% 설명된다고 했다. 따라서 중년기 여성의 위기감 해소를 위해 긍정적인 자아상과 높은 자존감, 부부간 차이 인정, 융통성 있는 성역할 태도와 헌신, 문제해결 능력, 효과적인 대화기술 등이 포함된 교육프로그램이 보다 효과적일 것임을 제시하면서, 폭넓고 다양한 중년기 프로그램이 개발되어 중년기의 삶의 질을 향상시킬 수 있는 기회제공이 필요하다고 하였다.

그러나 실제 35세 이상 전업 중년주부를 대상으로 중년기 위기감을 극복하기 위한 교육의 필요성에 대해 조사한 결과 30.7%만이 필요성을 느끼는 것으로 나타나 위기감을 교육으로 해결하려는 데에는 소극적인 태도를 보였다. 이는 주부들이 교육에 대해 관심을 갖지 않은 탓도 있으나, 교육프로그램에 대한 홍보 부족도 그 원인이 될 수 있으므로 계몽차원의 홍보가 절실히 필요하다(강정희, 1996).

또한 송정아(1997)는 부부관계향상 교육이 전 생애적으로 이루어져야 함을 강조하면서, 중년기 부부관계향상 교육내용으로 중년기의 심리, 중년기 위기 대처 방법, 개인·가족·직업에서의 삶의 재평가, 중년기 부부 친밀도, 부부·자녀와의 의사소통, 부부간의 성생활, 자녀 결혼준비, 은퇴준비 및 적응 등을 꼽았으며, Duvall의 가족생활주기 이론과 Jung과 Levinson의 중년기 이론, PET의 나-메시지 보내기 등을 골자로 하여 8단계로 이루어지는 중년기 부부관계 향상 프로그램을 개발하여, 이를 실제로 8쌍의 중년부부에게 실시하고 그 효율성을 평가한 결과 중년 주부의 경우, 배우자 존중, 성생활 영역에서 향상을 보였다(송정아, 1996a).

Papalia와 Olds(1995)는 인격체로서 배우자를 대하는 긍정적 태도, 결혼에 대한 헌신, 자율성, 조화를 이루는 친근감, 기능적인 의사소통 등과 같은 요인들이 15년 이상 행복한 결혼생활을 해온 중년기 부부들에게 공통적으로 나타나는 요인임을 지적하면서, 위기에 처한 중년기 부부에게 배우자의 입장을 수용함으로써 위기가 성숙과 친밀감을 증가시킬 수 있는 기회이며, 부부간의 유대와 자율성간의 조화, 발전적인 의사소통 기술이 필요함을 인식시키는 프로그램의 개발과 실시가 중요하다고 하였다.

한편 김경희(1987)는 중년여성에게 총 13회에 걸친 자아실현 학습프로그램을 실시한 후 실험집단과 통제집단 각각 10명에게 자아실현 검사를 실시한 결과, 통제집단은 사전·사후검사 간에 유의미한 차이가 나타나지 않았으나, 실험집단은 사전·사후검사 간에 유의미한 차이가 나타나, 자아실현 학습프로그램을 경험한 집단의 자아실현도가 경험하기 전보다 향상된 것으로 보고되었다. 따라서 새로운 자아실현의 욕구를 지닌 중년기 주부들이 교육 참여를 통해 중년기를 건강하게 보낼 수 있도록 다양한 교육프로그램을 개발하고 실시하기 위한 노력이 시급히 이루어져야 할 것으로 생각된다.

예창명(1996)은 중년기 주부 중 특히 주부의 취업여부에 따라서 가족생활 전반에 대한 가족생활 교육 요구도를 조사한 결과 주부의 취업여부에 상관없이 가족생활교육 요구도가 비교적 높음을 보고하였으며, 하위영역별로는 부모-자녀 관계와 건강영역에서 가장 높은 교육요구도를 보여, 중년기 주부에게 있어 자녀가 여전히 제일의 관심사이며, 신체적인 노화에 따라 건강에 대한 관심이 최고조에 달해 있음을 알 수 있다.

한편 도시 중년주부들의 학습요구에 대한 요인분석 결과, 교육내용은 사회취미활동, 가정관리, 지적 탐구, 경제적 개선, 자녀교육, 지역사회생활, 성인 기초교육 등의 7요인으로 추출되었는데, 그 중 자녀교육 요인에서 가장 높은 요구도를 지적 탐구 요인에서 가장 낮은 요구도를 나타냈다. 한편 학력수준이 높을수록, 계층이 높을수록 모든 요인에 대한 요구도가 높은 것으로 나타났다(이혜숙, 1992).

이상원(1986)은 도시 중년주부를 대상으로 성인교육에 관한 요구도를 분석한 결과, 학습대상자가 우선적으로 원하고 있는 교육내용의 우선순위는 자녀의 가치관, 가족대화 교육, 인간관계, 가족의 정신건강에 관한 내용으로 나타났으나, 실제 여성 대상 성인교육기관에서 실시되고 있는 학습내용을 조사하여 요구도와 비교한 결과 학습대상자들의 요구와는 차이를 보이고 있는 것으로 분석되어, 교육대상자들의 요구가 충분히 반영된 교육프로그램의 실시가 이루어져야 할 것이라고 했다.

이외에도 35세 이상의 중년여성들이 실시되기 원하는 집단프로그램의 내용연구(이시연, 1995)에서 효율적인 부모역할훈련이 1위를 나타냈으며, 전체 응답자의 86.8%가 부모역할훈련이 필요하다고 응답하여 중년기 주부들의 자녀교육에 대한 관심이 매우 높음을 다시 한 번 입증하였다. 그리하여 우리나라의 중년기 주부들은 가족생활교육 중 자녀와 관련된 교육내용을 가장 필요로 하고 있다고 하겠다.

이렇듯 교육프로그램의 실시로까지 이어지진 못했지만 교육프로그램 개발을 위한 연구들의 대부분이 청소년 자녀를 둔 중년기 주부들을 주 대상으로 선정하고 있으며, 이들이 자녀를 위한 부모역할을 중시한다는 공통적인 연구결과를 반영하듯이 청소년 자녀를 위한 부모교육 프로그램은 상당수 개발되었으나(김순옥·송현애, 1998: 송정아·윤명선, 1997: 유은희, 1996: 유은희·홍숙자, 1998: 윤명선, 1990: 차갑부, 1993) 청소년 후기 또는 청년기 이후의 자녀들을 둔 부모들을 대상으로 하는 교육프로그램은 전무한 실정이다. 우리나라의 중년기 주부들이 막내자녀가 대학교육기 이후에 우울증이 증가하고 자녀와 갈등을 가장 많이 겪는다는 연구결과들(김양희, 1993: 이시연, 1995: 장하경·서병숙: 1992)에서도 알 수 있듯이 성인자녀들과의 관계개선을 위한 교육프로그램의 개발과 실시도 하루 속히 이루어져야 할 것이다.

부모교육 프로그램 참여에 따른 효과를 다룬 연구들을 살펴보면, 35세 이상 10대 이상의 막내자녀를 두고 있는 중년기 주부를 대상으로 8단계의 부모역할훈련(PET)을 마친 후 그 교육적 효과를 측정한 결과, 부모역할훈련을 통해 자녀와의 관계가 건설적인 방향으로 향상되었고 부모역할에서 자신감을 얻은 것으로 나타났다. 아울러 부부간의 조화도 긍정적으로 향상되었으며, 중년기 주부의 개인적인 자아개념도 긍정적으로 변화한 것으로 나타났다. 그리하여 부모역할훈련이 어머니와 자녀관계의 향상뿐 아니라 부부관계, 그리고 중년기 주부의 개인적 성장과 발달의 기회를 제공한다고 하였다(조윤옥, 1994).

한편 김순옥·송현애(1998)는 자녀와의 원만한 대화를 위한 7단계의 프로그램을 개발하여 10대 자녀를 둔 중년기 부모들을 대상으로 실시하고, 양적 분석과 프로그램 전·중·후의 사례분석으로 그 결과를 평가하였다. 그 결과 참가한 중년기 주부의 자녀와의 대화 태도 및 기술이 긍정적으로 변화하였을 뿐 아니라, 부모에 대한 자녀의 개방성이 증가하여 부모-자녀 간에 대화가 원활하게 이루어지게 되었고, 부모자신과 자녀의 행동은 물론 둘 사이의 관계에 대한 만족도도 높아진 것으로 나타났다. 이런 결과는 부모-자녀 관계에서 대화의 중요성을 주장한 연구결과들(박은주·김경신, 1995: 한미선, 1992: Binger, 1985: Davidson & Moore, 1996: Simons et al., 1994)을 실제 생활에서 입증시켜 주었다고 할 수 있으며, 부모교육이 부모에게만 이익을 가져다주는 것이 아니라 결국 자녀의 행복과 복지감에도 영향을 미쳐서, 교육 참여 부모의 자녀들의 삶이 향상된다는 연구(Roberts, 1994)와도 일맥상통하는 것으로 여겨진다.

유은희와 홍숙자(1998)도 우리의 상황에 알맞은 9단계의 부모교육 프로그램 개발 후 유아기·아동기·청소년기의 자녀를 둔 부모를 대상으로 예시적으로 실천하고 평가한 결과, 사전·사후검사에서 유의미한 차이를 보였다고 했다. 즉, 교육 참석 후 부모들의 양육행동이 보다 민주적으로 변화하였고, 자녀와 효율적으로 대화하게 되었으며 자신과 자녀의 성격을 올바르게 파악하게 되어 자녀를 있는 그대로 이해하려는 여유로움을 갖게 된 점들에서 가장 큰 변화를 나타냈다고 하였다. 즉, 부모교육 참석으로 부모 자신의 자아성찰의 기회를 갖게 되었고 자기조절과 대화기술을 배우게 됨으로써 자녀를 존중하게 되었으며 자녀에 대한 긍정적인 태도를 갖게 되었다.

종합하면 부모교육은 어머니로서의 역할을 발전적으로 수행하는데 도움을 줄 뿐 아니라 어머니 개인의 발달과 성숙, 나아가 부부관계에도 긍정적인 영향을 미침을 알 수 있다. 따라서 우리나라의 부모교육 대상에서 거의 제외되어 있는 성인자녀와의 관계향상을 위한 부모교육이 하루 빨리 실시되어, 중년기 주부가 자녀의 독립 시 겪게 되는 소외감, 우울 등을 극복하며 새로운 정체감 확립에 도움을 주어야 할 것이며, 늘어난 자유시간을 보다 건전하게 활용할 수 있는 계기가 되도록 하여야 할 것이다.

한편 최근에는 중년기 여성들이 수행해야 하는 또 하나의 역할인 노부모 부양자로서의 역할수행을 돕기 위한 프로그램들도 속속 개발되고 있다. 그리하여 중년 며느리를 대상으로 한 고부관계향상 프로그램(유은희·이형실·전길양, 1996; 홍숙자·유은희,·전길양, 1996)과 노인부양 프로그램(홍숙자·이형실·전길량, 1995), 그리고 치매노인 가족을 위한 교육 프로그램도 개발되었다(김태현·전길량, 1996).

또한 한국여성개발원에서는(1997) 현대사회에서 변화하는 여성의 의식에 반해 여성 특유의 건강문제에 대한 이해가 부족한 점과, 사회에서 남녀에게 일률적으로 적용되는 의료지식·서비스가 여성의 건강문제 해결에 도움이 되지 못하는 점을 감안하여, 결혼기, 출산기, 양육기, 갱년기 등의 생애주기별로 여성건강교육 프로그램을 개발하였다. 그 중 갱년기 여성 대상 교육프로그램은 갱년기의 특성, 갱년기와 스트레스, 폐경의 극복 등의 내용으로 이루어져 중년기 여성의 신체적, 정신적, 사회적 특성과 역할을 이해토록 하는데 그 목표를 두고 있다.

이렇듯 중년기 주부를 위해 다양한 내용의 가족생활교육 프로그램들이 개발되고 있으나, 실제 중년주부들의 요구를 반영하여 프로그램을 개발하고 실시한 후 평가까지 이어지는 체계적인 경우는 거의 전무한 상황이라 하겠다. 따라서 앞으로는 중년기 여성의 요구에 근거하여 다양한 프로그램을 개발하고 실시함으로써 그들의 적극적인 교육참여를 이끌어내야 할 것이다. 이와 함께 같은 중년기에 속한다 할지라도 자녀의 연령과 결혼여부, 중년기 여성의 결혼지속 연수, 노부모 부양 여부 등과 같이 가족환경에 따라 차별적인 교육내용이 제시되어 실제적이고 개별적인 욕구충족이 이루어져야 하리라 생각된다. 또한 앞으로는 중년기 주부들이 조부모로 보내는 시간이 점점 더 길어지게 될 것이므로 바람직한 조부모 역할에 대한 교육프로그램의 개발과 실시도 이루어져야 할 것이다.

III. 가족생활교육 프로그램 개발의 이론적 기초

1. 가족생활교육 프로그램 개발모형

프로그램이란 목적 지향적인 활동중심의 교육목적이 설정되고 단계별 장단기의 구체적인 활동계획이 일목요연하게 제시되는 활동지침(Arcus et al., 이정연 등 역, 1997)으로, 프로그램 개발과정에 대한 학자들의 견해는 다양하다.

Lenz(1980)는 성인교육 프로그램 개발과정을 다섯 단계로 설명하고 있다. 먼저 1단계로 학습자들의 욕구와 관심을 평가하기, 2단계는 평가된 욕구와 흥미에 따라 프로그램의 주제를 선정하고 틀을 구성하는 프로그램의 내용선택 단계로, 특히 이 단계에서는 다양한 견해들의 균형을 이루기 위해 학제적인 교육내용을 선택하는 것이 바람직하다고 하였다. 3단계는 마케팅 캠페인의 개발 단계로, 특히 부모교육에의 참가여부에 영향을 미치는 중요변인으로 개발자 또는 개발기관(product), 비용(price), 장소(place), 후원(promotion) 등의 네 가지 p를 제시하면서 어떤 기관 또는 누가 만들었으며, 어떤 단체들이 후원하는지 그리고 비용과 장소 등이 중시되므로 영향력 있는 단체들과의 연계를 통한 프로그램 개발과 홍보가 필요하며, 프로그램 개발 시 전문가들의 참여도 중요함을 강조하였다. 이는 대부분의 부모들이 자녀와의 문제가 심각해져야만 부모교육에 참여함으로, 자녀문제가 심각해지기 전에 부모교육에 대한 적극적인 마케팅 전략을 통해 부모들의 자발적인 참여를 유도함으로써 자녀문제 나아가 가족문제의 사전예방에 기여해야 한다는 Levant(1987)의 견해와 일치하는 것으로, 프로그램 개발 못지않게 프로그램의 홍보의 중요성을 강조한 것으로 여겨진다. 4단계는 프로그램의 실시 단계로 교육대상자에 따라 교육시기, 강의속도, 교육환경 등을 고려한 실시가 이루어져야 하며, 마지막 5단계는 피드백의 수집과 분석 단계로 이는 차후의 프로그램 개발을 위한 기초자료로 쓰이게 된다고 했다.

정지웅과 김지자(1986)는 성인교육 프로그램 개발과정은 학습자의 욕구, 목표설정, 학습행위 및 학습자료의 선정, 학습행위의 결정, 결과평가 등이 기본적인 요소로 포함되어야 하며, 특히 프로그램 참여자의 나이, 성별, 직업, 교육경력, 거주지역, 생활주기, 성취목표, 포부, 신체적·심리적 특성 등을 파악하여 그들의 교육적 요구를 조사하는 일이 무엇보다도 중요하다고 하였다.

한편 가족생활교육의 대부분의 프로그램 개발은 Tyler 모형에 그 기초를 두고 있다. 이 모델은 교육이 학습자의 행동유형에 의미 있는 변화를 가져온다는 가정에 입각하여 교육목표의 설정, 학습자의 특성과 주제를 고려한 교육내용과 학습경험의 선정, 이러한 경험들을 조직화한 강의안, 목표달성을 평가하는 네 단계로 이루어지며, 다시 평가의 결과가 다음 교육목표로 이어지는 순환적인 과정이다(Arcus et al., 이정연 등 역, 1997). 이 모형은 교육목표를 우위에 두고 교육프로그램의 모든 다른 측면들을 교육목표 달성을 위한 수단으로 본다. 따라서 Tyler는 교육목표를 설정하는 기준으로서 학습자와 사회에 관한 사실, 전문가의 견해, 철학, 학습심리의 원천과 시사점을 알아야 함을 강조하였다(유영주·오윤자, 1998; Boone저, 권두승·김미숙 옮김, 1997).

한편 Hughes(1994)는 지금까지 가족생활교육이 많은 발전을 이룩해 왔지만 방법론에 대한 논의가 부족했던 점을 지적하면서 (도표1)과 같은 가족생활교육 프로그램 개발을 위한 개념 틀을 제시하였다. 1단계의 내용 과정은 교육프로그램의 기초 단계로 명확한 이론적 견해와, 주제와 내용 그리고 적용기술과 관련된 연구의 근거를 제시해야 하며, 가족을 둘러싼 직접적인 환경과 보다 큰 사회체계가 어떻게 가족에게 영향을 미치는지를 고려하는 교육내용을 선정하고, 현재 실시되고 있는 가족생활교육 프로그램의 내용을 충분히 반영해야 하는 단계이다. 다음 2단계는 조직화 과정으로, 구체적인 교육목표의 선정, 교육과정을 촉진하는 효율적인 교육방법의 선정과 함께 프로그램 홍보까지도 포함하는 단계이다. 3단계는 가족생활주기 단계, 가족유형, 성별, 사회계층 등을 고려하여 적절한 피교육자들을 선정하고 실제 프로그램을 실시하는 수행 과정이다. 마지막 4단계는 평가 단계로, 프로그램의 설정 단계에서 학습자들의 욕구가 고려되었는지에 대한 평가, 실제 실시 과정에서 각 단계마다의 종결 과정에서의 평가, 단기간의 목표달성 여부에 대한 평가, 프로그램의 장기간의 영향력 평가 등의 연속적인 평가 단계가 포함된다. 이 Hughes의 모형은 프로그램 개발과정에서 환경의 영향력을 고려한 점과 평가의 단계를 연속적인 과정으로 규정한 점이 다른 모형들과는 다른 특징으로 여겨진다.

〈도표1〉 가족생활교육 프로그램을 위한 개념 틀

Hughes(1994). Family Relations, January, p. 75.

한편 유영주와 오윤자(1998)는 가족생활교육 프로그램 개발을 위한 기본적인 절차로 계획, 설계, 실행, 평가의 네 단계를 제시하면서 이를 보다 구체적인 여섯 단계로 세분해서 설명하고 있다. 즉 1단계는 이론적 개념 틀의 정립 단계, 2단계는 구체적인 프로그램을 설계하기에 앞서 목표설정과 어떻게 활동을 전개해 나갈 것인가에 대한 개략적인 수립을 의미하는 프로그램 계획 단계, 요구조사 및 흥미분석의 3단계, 4단계는 프로그램의 목적과 목표선정, 내용의 선정, 교육방법의 선정, 평가의 기본계획 등을 포함하는 프로그램의 설계 단계, 5단계는 준비·실시·정리과정을 거치는 프로그램 실시 단계, 마지막 6단계는 프로그램 평가 단계로 프로그램 자체에 대한 평가, 프로그램 효과에 대한 평가, 교육자에 대한 평가를 포함한다. 이 모형은 이론적 개념 틀의 정립과 학습자들의 요구분석을 각각 프로그램 개발과정의 중요한 단계로 포함시킴으로써 프로그램 개발과정을 보다 세분화하였다.

Hennon과 Arcus(1993)는 생애과정을 통한 통합된 가족생활교육 프로그램 모형을 제시했는데, 1단계는 욕구조사의 단계로, 가족생활교육 프로그램의 질은 욕구에 대한 정확한 조사에서 기인되므로 특히 질적인 욕구분석이 필요하다고 하였다. 한편 피교육자들의 욕구뿐만 아니라 가족생활교육의 질 향상을 위해서는 전문가들에 의해 밝혀진 욕구도 함께 고려되어 교육내용에 균형이 이루어져야 함을 강조하였다. 2단계는 가족생활교육 프로그램 개발 단계로 이론과 조사에 근거한 프로그램을 개발하며 효율적인 교수법, 방법론 등에 대해서도 관심을 기울여야 하는 단계이다. 마지막 3단계는 가족생활교육의 효과와 영향력의 평가 단계로, 평가방법은 프로그램 개발 초기부터 고려되어야 함을 강조하였다.

Walls(1993)은 특히 발달론적 입장에서 프로그램 개발과 실시에 대해 몇 가지 지침을 제시하였는데, 교육내용 구성 이전에 학습자들의 발달단계를 평가하여 그들의 발달적 욕구를 충족시켜 주어야 하며 이와 함께 새로운 발달단계로 나아가는데 자신감을 제공해 주는 프로그램을 설계해야 한다고 했다. 즉 피교육자들의 발달적인 욕구에 의해 프로그램이 제시되어야 하며 이 발달상의 욕구가 프로그램에 의해 충족되었는지가 프로그램의 질을 결정하게 된다고 하였다.

그리하여 프로그램 개발모형들이 공통적으로 학습자들의 요구분석을 중요한 단계로 고려하고 있음을 알 수 있다.

이상의 학자들의 프로그램 개발과정들을 종합하여 분석해 보면, 이론적 개념 틀을 정립하여 학습자들의 요구를 바탕으로 프로그램을 개발하고, 학습자들의 특성에 알맞은 교육방법으로 프로그램을 실시하며, 교육목적의 달성여부를 평가하는 개발, 수행, 평가의 세 과정으로 大別할 수 있다.

특히 몇몇 학자들은 가족생활교육을 강화시키기 위한 핵심요소로 이론에 근거한 프로그램 개발을 강조하였는데(유영주·오윤자, 1998: Hennon & Arcus, 1993: Hughes, 1994), 이는 그 외의 학자들도 강조한 요소이다 (Arcus, 1992: Roosa, 1991).

또한 개발과정에서의 학습자들의 요구분석은 위의 학자들 이외에도 많은 학자들이 강조하고 있는 요인이므로(이연숙, 1997: 이정연, 1998: 차갑부, 1993: 등), 본 연구자는 프로그램 개발과정에 이론적 개념 틀의 확립과 학습자들의 요구분석을 각각 하나의 단계로 포함시키고자 한다.

따라서 본 연구자는 다섯 단계의 프로그램 개발모형을 제시하고자 한다. 이는 프로그램 개발을 위한 이론적 개념 틀의 확립 단계, 학습자들의 교육요구 분석 단계, 프로그램의 목적·내용·평가방법 등을 설정하는 프로그램 개발 단계, 프로그램 실시 단계, 프로그램 평가 단계로 구성된다.

2. 가족생활교육의 운영원리

다음은 프로그램의 수행과 평가 단계에서 고려해야 할 몇 가지 원리들을 살펴보고자 한다.

프로그램의 수행은 교육자가 실제로 프로그램을 체계적으로 실시하

64

여 의도한 목적과 목표를 달성해 나가는 과정으로, 프로그램에 생명을 불어넣는 중요한 과정이다(한국청소년개발원, 1996). 이 과정에서는 학습자들의 연령, 성별, 계층, 가족생활주기, 가족유형 등의 다양성을 고려한 교육방법을 선정하여야 하며, 또한 학습자의 특성에 따라 동질적인 집단을 구성하여야 한다. 이를 일반적으로 다양성의 원리라 한다(이연숙, 1997; 차갑부, 1993; Hughes, 1994).

한편 성인들은 풍부한 경험을 소유하고 있으므로 서로의 경험을 나누는 자율적인 방식으로 프로그램이 실시되어야 하는데, 이를 상호학습의 원리라 한다(김충기·정채기, 1996; 정지웅·김지자, 1986; 차갑부, 1993; Doherty, 1995; Hughes, 1994; Lenz, 1980). 이에 따라 교육자와 학습자, 그리고 학습자 상호간의 경험을 공유할 수 있는 방향으로 교육프로그램이 마련되어야 한다. 이를 위해서는 학습자의 자율적인 참여를 장려하는 참여교육의 원리(차갑부, 1993)가 반영되어야 하며, 따라서 지식의 전달보다는 감정의 소통을 중시해야 한다(정지웅·김지자, 1986). Moore(1993)는 특히 인간발달을 다루는 교육에서는 회상이나 감정이입 등의 방법을 이용함으로써 교육의 효과를 높일 수 있다고 했다. 즉 회상은 과거를 통해 자신과 타인에 대한 인식을 새롭게 해주며, 감정이입의 느낌을 확장시키면 인내심의 신장과 함께 타인에 대한 이해를 촉진시키게 된다고 했다.

이러한 학습자의 자발적인 참여를 통한 상호간의 경험의 공유와 감정의 소통은 대규모의 집단에서는 이루어질 수 없으므로, 따라서 많은 연구들(김동위, 1996; 이시연, 1995; 이혜숙, 1992; Hennon & Arcus, 1993; Small & Eastman, 1991)이 성인교육 시 소집단 수업을 권장하고 있다. 즉, 소집단은 다양한 인간적 경험을 가능케 하는 사회화 과정의 실험장이며, 집단 속에서 경험하는 상호관계는 각 성원에게 보상을 주게 된다(이시연, 1995). 그리하여 소집단은 성원들 간의 상호이해와 수용을 가능케 하여 성원들의 만족도 및 안녕에 긍정적 효과를 가져다준다(이

원숙, 1992). 특히 소집단 수업의 교육적 가치는 지속적인 상호교류와 토론을 통해 창조적 사고를 기를 수 있으며, 개인의 잠재적 능력과 특성을 개발해 내고 이를 인정하는 과정을 통해 학습자들에게 개별적 성취감과 긍정적 자아개념을 심어주는데 있다(한국성인교육학회, 1998).

김현순(1993)은 특히 중년여성의 경우, 대인관계망이 중년기의 위기 극복과 생활만족감을 향상시키므로, 중년기 여성을 대상으로 한 교육 프로그램은 소집단 방식을 이용하는 것이 바람직하다고 했다. 한편 Hennon과 Arcus(1992)는 부모역할을 향상시키고 강화하기 위한 부모 교육의 가장 이상적인 접근법은 비슷한 경험을 함께 하는 성원들과의 상호작용이 가능한 소집단 토론으로, 이를 통해 다양한 정보를 획득할 수 있으며, 사회적 관계망 형성의 기회를 제공받게 된다고 했다.

한편 소집단 인원에 대해서 김수일(1995)은 4-6명을, 차갑부(1993)는 3-7명을, Postlethwait 등(1972)은 6-10명을 적정 인원으로 지적하고 있으며, 그 외의 많은 연구들이 10명 이내가 적정 인원임을 제시하고 있다(김동위, 1996: 이시연, 1995: 이혜숙, 1992: Hennon & Arcus, 1992: Small & Eastman, 1991).

이상의 학자들의 견해에 따라 성인 대상 가족생활교육 프로그램은 10인 이내로 구성된 소집단에서 학습자들의 토론과 적극적인 활동이 주를 이루는 방식으로 실시되는 것이 바람직하다고 하겠다.

한편 프로그램의 각 단계는 도입, 강의 또는 활동, 그리고 종결 단계를 거치게 되는데(유영주·오윤자, 1998), 조용하(1992)는 보통 한 단계의 최적시간은 1시간에서 2시간 사이로, 도입 부분은 15분 정도가 적당하다고 했다. 김선남(1993)은 1시간 30분에서 2시간이 적당하다고 했으며, 오윤자(1994)는 2시간 30분을 적정시간으로 보고 있다. 그러나 몇몇 학자들(김충기·정채기, 1996: 이상원, 1986: 정지웅·김지자, 1986)은 성인들의 학습 능률을 높이기 위해서는 충분한 시간적 배려가 주어져야 한다고 했다.

또한 프로그램의 교육적 효과를 높이기 위해서는 긍정적인 피드백의 제공과 비경쟁적이면서 비압력적인 학습 분위기 조성이 요구된다(이연숙, 1997; Lenz, 1980).

한편 개발과정의 마지막 평가 단계에 대해서는 많은 학자들이 다양한 견해를 제시하고 있는데, 몇몇 연구자들(유영주·오윤자, 1988; 최규련, 1997; Hennon & Arcus, 1993)은 공통적으로 프로그램의 효과성에 대한 평가, 프로그램 자체에 대한 평가, 교육지도자에 대한 평가 등의 세 가지 평가가 이루어져야 한다고 했다. 조용하(1992)는 평가를 실시시기에 따라 사전평가, 도중평가, 사후평가로, 방식에 따라서는 자유 평가, 지시적 평가, 구조적 평가로 분류할 수 있는데, 대부분의 교육프로그램들은 도중평가와 사후평가를 실시한다고 하였다.

앞에서 Hughes(1994)는 네 단계로 이루어지는 연속적인 평가 과정을 제시하였으며, First와 Way(1995)는 프로그램이 의도한 효과만이 있는 것이 아니라 목표로 하지 않았던 효과도 얻을 수 있으므로, 이 부분에 대한 평가를 위해서는 질적 평가가 필요하다고 하였다. 즉, 질적 평가를 통해 양적 평가로 밝힐 수 없는 프로그램을 통한 학습자들의 다양한 경험을 밝히는 것은 프로그램의 효과를 극대화시킬 수 있을 뿐만 아니라 새로운 프로그램의 개발과 수행에 중요한 자료로 반영될 것이라고 했다. Boone(1985) 역시 개인별 면접을 통한 교육프로그램의 잠재적 효과의 분석은 미래의 프로그램을 위한 발전적인 생각을 제공하기 때문에 필요하다고 했다(Boone, 권두승·김미숙 옮김, 1997).

따라서 프로그램의 목표달성 여부와 그 효과에 대한 평가는 양적 평가와 함께 질적 평가가 함께 이루어져 객관적이고 주관적인 측면에서의 종합적인 분석이 필요하리라 생각되며, 이를 통해 후속 프로그램 개발을 위한 실증적인 자료를 얻는 효과도 기대된다.

IV. 중년기 주부 대상 성인자녀와의 관계향상을 위한 가족생활교육 프로그램의 개발과정

　본 장에서는 성인자녀와의 관계향상을 위한 프로그램 개발과정과 실시를 위한 구체적인 방법에 대해 제시하고자 한다. 이 과정을 간략하게 도표화한 것은 (도표2)와 같다.

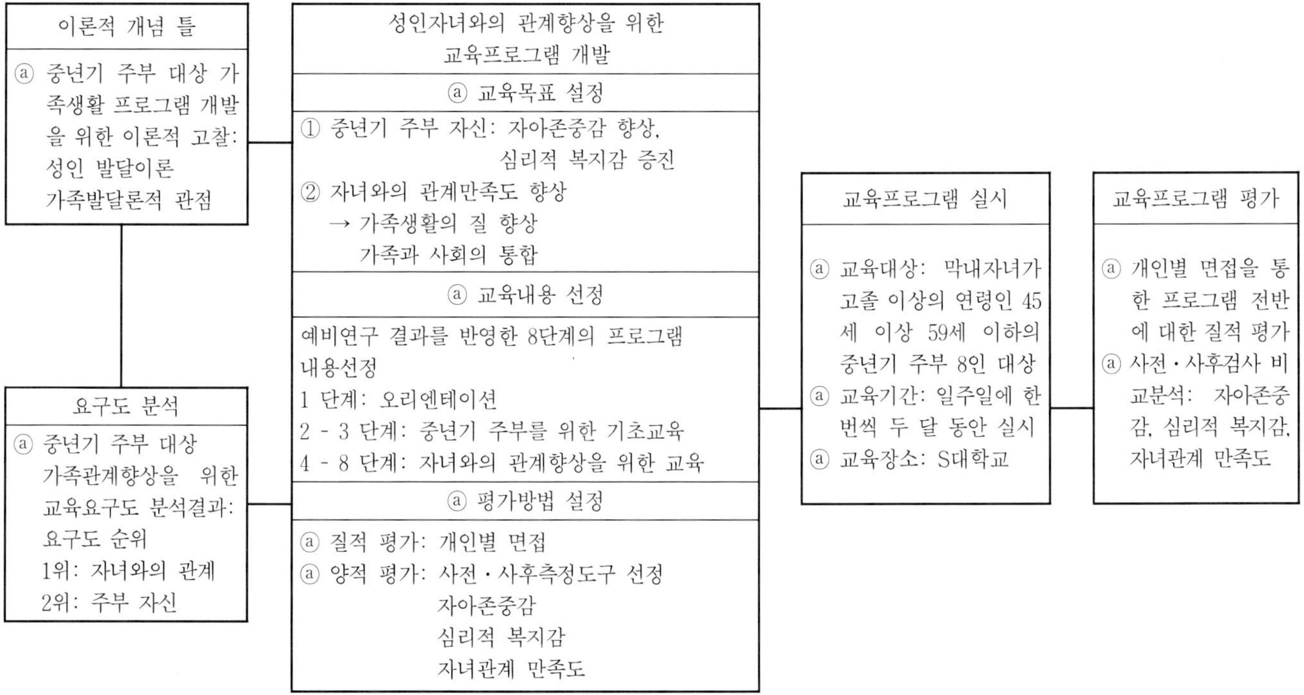

〈도표2〉 중년기 주부 대상 성인자녀와의 관계향상을 위한 가족생활교육 프로그램 개발과정

1. 프로그램 개발의 이론적 개념 틀

본 연구자의 프로그램 개발모형은 다섯 단계로 그 첫 단계는 이론적 개념 틀의 정립 단계이다. 본 중년기 주부 대상 성인자녀와의 관계향상을 위한 가족생활교육 프로그램은 성인발달 이론과 가족발달론적 관점에 그 이론적 기초를 두고 프로그램을 개발하고자 한다.

1) 성인발달 이론

성인발달 이론들 중 중년기에 대한 견해를 살펴보면 Jung은 40세 전후를 행동과 의식의 탈바꿈이 발생하는 결정적 전환기로 보고 이를 중년기 전환이라고 했다. 즉, 이 시기에 인생의 전반부까지 억제되었던 자아가 출현하면서, 자아가 독자적인 방법으로 환경으로부터 점진적으로 분화하고자 하는 개별화 과정을 경험하게 된다. 또한 내적 지향적이 되어 자신의 내부 세계에 집착하게 되는데, 이 과정을 통해 개인은 명확한 자아정체감을 획득하고 자신의 내적 자원을 효율적으로 활용하게 되어 균형 있는 생활을 창출해 나가게 된다(Kimmel, 1980).

한편 Levinson(1978)은 대략 40세에서 45세에 중년기 전환기를 맞게 된다고 했다. 이 시기에 지금까지의 가치, 요구, 목표 등 자신의 삶에 대한 의문을 제기하게 되면서 자아에 대한 현실적인 견해를 발달시켜 나가게 된다. 45세에서 50세가 되면 성인중기로 진입하게 되면서 새로운 생애구조가 형성되고 그에 따라 행동하게 된다. 그는 중년기 생애구조 형성을 위한 근거로 젊음과 노화, 파괴와 창조, 남성성과 여성성, 애착과 분리 등 자아내부에 공존하는 양극성을 통합해 나갈 것을 제안하였으며, 이 양극성의 통합과 생애구조의 조정을 통해 개인은 보다 성숙해지고 외부환경과의 상호작용이 효율적으로 이루어진다고 하였다 (Levinson, 김애순 역, 1996).

Erikson은 8단계의 인간의 심리사회발달단계 중 7단계인 중년기를 생산성 對 자아탐닉의 시기로 본다. 생산성은 다음 세대에 대한 부모의 책임과 관심뿐만 아니라, 다음 세대가 자아성취를 이룩하고 문화를 유지하는데 필요한 기술, 견해, 가치를 획득하는데 도움을 주고 안내하는 것 등을 포함한다. 그러나 이 생산성 욕구를 충족시키지 못하게 되면 개인적으로 무가치함을 느끼게 되는 자아탐닉에 빠지게 되어, 심리적 성장의 결핍을 경험하게 된다. 즉 자아탐닉은 타인에 대한 보살핌에서 얻는 만족감을 찾지 못하면서 오로지 자신의 개인적 만족과 자아 강화에만 몰두하는 것을 의미하며, 이는 결국 부의 축적과 물질의 소유에 자신의 에너지를 몰두하는 자기중심성과 우울 등의 형태로 나타난다(Graber, 1991). 그리하여 다른 사람을 돌보고 양육하는 적극적인 노력을 의미하는 생산성(Peterson & Klohnen, 1995)은 세대에서 세대로의 지속성을 자극시킴으로써 사회에 이바지하게 된다. 따라서 중년기에는 부모역할, 가르침, 안내 그리고 지역사회에 이익이 되는 일을 행함으로써 다음 세대를 격려하고 이끌어 나가는 생산성의 추구가 중요한 발달과업이 된다(Simons, et al., 1994).

한편 McAdams와 Aubin(1992)은 에릭슨의 생산성 개념을 확대시켜, 생산성이 개인의 인성특성 뿐만 아니라 그가 속해 있는 사회적 환경요소도 포함하는 일곱 가지의 심리사회적 특성으로 이루어진다고 했다. 즉 사회문화적 요구, 개인의 희망이나 바람, 다음 세대에 대한 의식적인 관심, 인류에 대한 신념, 다음 세대에 대해 책임을 지려는 의지, 생산적인 활동, 그리고 과거, 현재, 예상되는 미래가 통합되는 각 개인의 생산성 각본 등이 포함된다. 이 생산성 각본에 의해 생산성 요인들이 독특하고 자기 정의적 방법으로 조직되어 개개인은 각기 다른 형태로 생산성을 표현하게 된다. 따라서 그들은 생산성이 단순한 利他주의가 아니라, 자아의 강력한 확대인 자기 자신의 이미지로서의 생산물 또는 유산의 창조를 의미하며, 이 복합적인 개념인 생산성의 추구가 중년기의 중요한 발달과업이라고 하였다. 또한 Peterson과 Klohnen(1995)은 생산성은 가족과 일에 국한되는 것이 아니라 국가와 세계적 영역으로 확대되며 인류의 미래에 대한 신념으로까지 발달한다고 하였다.

그리하여 생산성은 자신과 가족 나아가 사회의 복지실현과 밀접한 관련이 있는 인간의 성숙된 인성특성으로, 중년기에 속한 개인들이 자아정체감의 확립과 함께 추구해야 할 중요한 발달과업임을 알 수 있다. 종합하면 중년기에 개인은 지금까지의 삶에 대한 평가를 통해 억제되어 있던 자신의 새로운 모습을 찾으려 하며, 인생의 유한성을 인정하게 되면서 생산성을 추구하게 된다고 하겠다. 특히 우리나라의 중년기 주부들의 대부분은 자녀를 통해 생산성을 성취하고 자신의 영속성을 유지시켜 나가려 한다.

따라서 중년기 주부를 대상으로 하는 본 프로그램에서는 중년기 주부들에게 자아평가의 기회를 제공함으로써 자신의 진정한 모습을 발견하고 새로운 자아정체감의 구축을 도와주며, 생산성의 성취대상이 되는 성인자녀세대를 올바르게 이끌어 나가는데 도움이 되는 교육내용을 제공하고자 한다. 또한 '생산성'이 단지 자녀세대에 대한 지도와 안내에서 그치는 것이 아니라 보다 거시적이고 장기적인 안목에서 이루어져야 하는 발달과업임을 강조함으로써 개인의 성숙은 물론 사회의 발달에도 기여하도록 할 것이다. 아울러 다양한 노화과정에 대한 이해와 수용을 돕는 내용도 함께 제공하고자 한다.

2) 가족발달론적 관점

본 연구의 연구대상인 막내자녀가 고졸 이상의 연령이며 미혼자녀를 둔 중년기 주부는 학자들이 일반적으로 분류하는 청년기 가족과 자녀

독립기 가족에 속하게 됨으로 이 단계의 발달과업을 중점적으로 살펴보고자 한다.

먼저 중년기 가족의 발달과업을 살펴보면, Duvall(1985)은 8단계의 가족생활주기 중 6단계의 진수기 가족의 발달과업으로 자원의 재할당, 진수센터로서의 재정적 비용의 충당, 성인자녀간의 책임 재분배, 부부관계로의 복귀, 가족원간 의사소통의 개방성 유지하기, 성인자녀의 결혼에 따른 가족성원의 증가에 의해 가족범위를 확대하기, 부모와 성인자녀간의 갈등적인 가치관과 생활철학의 조정 등을 제시하고 있다.

또한 Strong 등(1983)은 6단계의 가족생활주기 중 5단계인 자녀의 진수기와 독립기에는 가족성원의 다양한 出入을 수용하기 위해 부부중심으로의 가족체계의 재타협과 성인자녀와 성인 對 성인으로의 관계맺기, 손자세대를 포함한 관계 재설정, 노부모의 장애나 죽음에 적절하게 대처하기 등이 발달과업으로 요구된다고 했다.

유영주 등(1995)은 8단계의 가족생활주기 중 6단계인 진수기 가족은 자녀의 취직, 군 입대, 진학, 결혼 등에 직면하는 시기로 자녀의 진수를 도와줄 지지기반으로써의 가족유지를 발달과업으로 제시하고 있다. 한편 Raluger와 Kaluger(1979)는 자녀 중심적인 생활에서 벗어나 부부간의 깊고 영구적인 친밀감 구축과 함께 공동의 책임의식 갖기, 성인자녀에게 정서적인 지원을 해주며 조부모 역할을 긍정적으로 수용하기, 여가시간의 만족스런 사용, 성숙된 시민으로서의 책임 수행, 노부모 세대에 대한 이해와 존중, 신체적 변화에 대한 수용, 현재의 만족감을 위한 지출과 미래의 안전을 위한 저축간의 균형을 이룩하는 것이 중년기 가족의 발달과업이라고 했다.

다음은 중년기 가족의 주부가 개인적인 측면에서 이룩해야 할 과업으로 Alder(1990)는 자기주장을 통한 의존성의 탈피를 들고 있다. 즉, 지금까지의 남편과 자녀를 통한 관계 속에서의 자아에서 벗어나 자신의 독자적인 자아정체감을 구축해야 함을 의미한다. Stewart와 Healy(1989) 역시 정체감의 재설정이 중년기의 주요한 발달과업이라고 했다.

한편 Graber(1991)는 중년기가 생의 전반부를 보낸 시기로, 생의 전반부에 대한 전반적인 재평가와 함께 남아있는 후반부를 위한 활동에 우선순위를 매기는 것을, Diehl 등(1996)은 지금까지의 여성성으로 편향된 극복·방어전략 방식을 융통성 있고 성숙된 방식으로 통합하는 것을 중년기 여성의 발달과업으로 들고 있다.

또한 유영주 등(1995)은 중년기 여성의 발달과업으로 신체적·생리적 변화에 대한 적응, 정서적 안정감과 생의 만족감 증진, 사회생활 유지와 지역사회 활동 등이 필요하다고 하였다. Raluger와 Kaluger(1979)는 중년기 여성의 발달과업으로 특히 폐경과 같은 신체적 변화를 젊음 또는 희망에 대한 위협이 아닌 정상적인 기능의 변화로 받아들일 것을 제시하고 있다.

한편 중년기 부모의 자녀들은 성인 초기나 성인기에 속하게 되는데, Levinson은 이 단계를 세분하여 성인 이전기를 벗어나 성인세계로 첫 발을 내딛는 성인초기 전환기(18세-22세)와 성인 입문기(22세-28세), 30대 전환기(28세-33세)로 구분하였다. 그리하여 각 단계에서의 발달과업으로 성인초기 전환기에는 중요한 타자들과의 관계를 수정하고, 최초의 성인정체감을 공고히 다지며 성인기를 위한 예비적인 선택과 그 선택들에 대한 시도를, 성인 입문기에는 성인기 삶에 대한 가능성을 탐색하고, 최초의 안정된 성인 인생구조를 창조하는 것을 제시하고 있는데 이 두 가지 과업은 서로 대조적인 과업으로 균형을 유지해야 한다고 했다. 또한 30대 전환기에는 첫 인생구조의 결함과 관계를 수정하고 다음 시기의 인생구조를 형성할 바탕을 마련해야 한다고 했다. Levinson은 이 세 단계를 총괄하여 초심자 단계(15년)로 명명하면서 성인기로 들어가는 결정적인 기능을 하는 이 단계의 과업들로 꿈을 형성하고 인생구조 안에 그 꿈을 배치하기, 스승관계를 맺기, 직업을 선택해서 경력을 쌓아가기, 사랑관계를 맺어 결혼하고 가족을 이루기 등

74

을 제시하였다(Levinson, 김애순 역, 1996).

또한 대부분의 학자들이 성인자녀의 발달과업으로 부모와의 개별화와 정체감 확립을 공통적으로 제시하고 있다(장휘숙, 1996; 정은희, 1993; Abell & Ludwig, 1997; Binger, 1985; Hoffman, 1984; Kenny & Donaldson, 1991; Simons, et al., 1994). 즉, 부모로부터의 개별화는 자율성 확립과 나아가 부모로부터의 독립을 의미하며 이를 통해 성인으로서의 독자적인 정체감을 구축하게 된다.

정은희(1993)는 이 시기의 정체감 확립이라는 중요한 발달과업은 곧 독립된 성인으로서의 역할을 감당할 수 있는 사람이 되는 것으로, 이를 위한 전제조건이 바로 부모와의 심리적 離乳라고 했다. 그는 자녀들의 부모로부터의 심리적 이유는 그 자체로서도 중요하지만 이성관계, 직업 선택, 자아정체감의 확립 등과 같은 다른 발달과업의 성취와 관련되기 때문에 더욱 중요하다고 했다. Hoffman(1984)도 부모로부터의 심리적 이유가 자녀의 인성구조와 적응에 중요한 영향을 미치는 발달과업임을 밝혔으며, 몇몇 연구들은 특히 어머니와의 심리적 이유가 자녀의 굳건한 자아개념 형성에 필수적임을 밝혔다(Grotevant & Cooper, 1985; Lapsley, Rice & Shadid, 1989).

또한 이 시기의 자녀들은 성인으로서 직업과 결혼이라는 새로운 라이프 스타일을 설정해야 하는 시기이므로(Levinson, 김애순 역, 1996), 가족뿐만 아니라 사회에서 원만한 대인관계를 맺기 위해 친밀감을 발달시켜야 하는 시기이기도 하다(김종서 등, 1982; Binger, 1985; Simons, et al., 1994).

따라서 자녀들의 이러한 발달과업을 돕기 위한 중년기 부모로서의 발달과업은 자녀들의 분리를 수용하며 자율성을 부여하고(Ewy, 1993) 자녀를 성인으로 간주하는 일이다(Lopez, et al., 1988; Newman & Newman, 1979; Simons, et al., 1994; Strong et al., 1983). 또한 자녀들의 정체감 발달을 위해서는 자녀에 대한 역할모델로서 부모 자신의 올바른 정체감 확립이 요구된다(Waterman, 1982).

한편 자녀들의 직업과 결혼이라는 새로운 출발과 그 생활에서의 안정을 위해서는 부모가 상담자로서의 역할과 함께 미래를 예견하는 안내자로서의 역할(Roberts, 1994), 그리고 지속적인 의사소통을 통한 안정감 제공자가 되어야 한다. 즉, 자녀의 독립을 도와주면서 동시에 자녀와 유대감을 유지함으로써 새로운 세계로 진입하는 자녀들에게 든든한 정서적 안정을 제공해 주어야 한다(김활란, 1995: Rice, Cole & Lapsley, 1990). 이와 함께 자녀의 윤리적 발달, 동료관계 특히 이성친구와의 관계에 대한 조언과 성에 대한 가치관 교육, 미래의 사회심리적 단계에 대한 준비 등에 대해서도 지속적인 관심을 보여야 한다(Newman & Newman, 1979).

이상의 내용을 통해, 성인자녀의 발달과업에 따른 중년기 주부의 발달과업을 요약하면 〈표1〉과 같으며, 성인자녀의 올바른 성장과 발달을 도와주고 성인자녀와 인격적인 관계맺기를 도와주기 위한 본 중년기 주부 대상 가족생활교육은 그 교육내용의 기초를 여기에 두고 프로그램을 개발하고자 한다.

〈표1〉 성인자녀의 발달과업에 따른 중년기 주부의 발달과업

성인자녀의 발달과업	성인자녀를 둔 중년기 주부의 발달과업
부모와의 심리적 이유, 자율성 확립, 개별화 -〉 부모로부터의 독립	자녀의 분리 수용, 자율성 인정, 성인으로서의 인격적 대우, 자녀와의 분리와 심리적 유대간의 균형 유지
자아정체감 확립	스스로의 정체감을 확고히 함으로써 자녀의 정체감 확립에 모델이 됨
직업준비와 선택, 직장생활, 결혼과 가족생활 준비, 배우자 선택 및 결혼, 새로운 생활의 기본이 되는 친밀감 형성	정보제공자, 미래를 예견하는 안내자, 상담자, 안정감의 제공자, 개방적인 의사소통 유지

2. 중년기 주부의 교육요구도 분석

본 연구자가 프로그램 개발의 두 번째 단계로 학습자들의 요구분석 단계를 설정하였는데, 이를 위해서 본 연구에 앞서서 예비연구로 중년기 주부들의 교육요구도를 측정하였다[3]. 여러 학자들의 중년기 발달과업(김종서 등, 1992: 유영주 등, 1995: 장휘숙, 1997: Binger, 1993: Duvall, 1985: Papalia & Olds, 1995: Simons, et al., 1994: Wilfrid & Zander, 1993: 등)과 중년기 가족에게 필요한 가족생활교육내용(예창명, 1996: 유영주, 1991: 윤명선, 1990: Arcus, 1987)을 근거로 한 교육내용 문항들로 이루어진 설문지를 통해 교육요구도를 측정하였다.

그 결과, 중년주부는 주부 자신과 자신을 둘러싼 가족관계 중 자녀와의 관계를 향상시키기 위한 교육내용에서 가장 높은 요구도를, 그 다음은 주부 자신을 위한 교육내용의 순서를 보였다. 자녀와의 관계를 향상시키기 위한 교육요구도가 다른 가족관계에 대한 교육요구도보다 유의미하게 높은 것으로 나타나(p.<001), 본 연구에서는 자녀와의 관계향상에 목적을 두고 중년기 주부를 위한 가족생활교육 프로그램을 개발하게 되었다. 아울러 개발하고자 하는 교육프로그램의 대상이 중년기 주부이고, 중년기 주부들의 교육요구도 2위가 주부 자신을 위한 교육내용이었으며, 부모교육시 부모 자신의 성숙한 인격과 태도를 위한 내용을 함께 다룸으로써 그 교육적 효과를 더 높일 수 있으리란 점(최규련, 1996)을 감안하여, 주부 자신을 위한 교육내용을 기초교육으로 포함시켰다. 주부 자신과 자녀와의 관계향상을 위한 교육내용 중 우선순위에서 상위 3위를 차지한 문항들을 살펴보면 〈표2〉, 〈표3〉[4]과 같다.

---

3) 김명자·송말희. 중년기 주부의 가족관계 향상을 위한 가족생활교육 요구도 분석, 대한가정학회지, 36(3), 1998, 61-75쪽.
4) 전게논문, 72쪽의 중년기 주부의 교육요구도 우선순위 상위 3위 참고.

〈표2〉 중년기 주부 자신을 위한 교육요구도 상위 3위(%)

중년기 주부 자신을 위한 교육요구도 상위 3위 문항들	
문항 내용	%
어머니 역할 상실에 따른 정서적 대처	16.0
취미·여가생활의 새로운 시작	10.3
중년기의 심리적·사회적 변화의 수용과 적응	9.1

이상의 문항들을 통해, 중년기 주부들은 개인적, 사회적으로 경험하게 되는 중년기의 다양한 변화를 수용하여 보다 적극적인 생활을 하는데 도움이 되는 교육을 원하고 있음을 알 수 있다. 따라서 본 프로그램은 중년기의 특성에 대한 이해와 수용의 교육내용과, 중년기가 자아재평가의 시기이며 정체감의 재구축이 필요한 시기이므로 인생회고를 통해 진정한 자신을 발견하고 자아존중감을 높일 수 있는 교육내용을 두 단계로 구성하여 중년기 주부 대상 성인자녀와의 관계향상을 위한 교육프로그램의 기초교육으로 포함시켰다.

아울러 자녀독립시의 심리적 준비를 도와주는 교육내용을 절실히 필요로 하고 있으므로, 중년기 주부의 발달과업으로서 자녀와의 심리적 이유의 필요성을 다루고, 특히 우리나라의 중년주부들이 자녀와의 심리적 이유가 어려운 이유를 전통적인 한국 가족관계의 특성을 다룸으로써 이해시키고자 한다. 한편 비교적 높은 교육요구도를 보인 취미·여가생활의 새로운 시작에 관한 내용은, 주부들을 위한 취미·여가생활을 위한 프로그램들이 구청단위 또는 민간·사설단체의 다양한 프로그램으로 이미 제공되고 있기 때문에 본 프로그램에서는 제외시켰다.

〈표3〉 자녀와의 관계향상을 위한 교육요구도 상위 3위 (%)

자녀와의 관계향상을 위한 교육요구도 상위 3위 문항들	
문항 내용	%
자녀에게 건전한 결혼관을 심어주기 위한 어머니 역할	10.4
자녀와의 갈등을 효과적으로 해결하는 방법	10.0
자녀의 적성에 알맞은 직업선택 지도	9.1

이상의 문항들을 통해 자녀와의 관계에서 중년기 주부들은, 자녀에게 올바른 결혼관을 심어줄 수 있는 어머니 역할과 자녀와의 갈등을 건설적으로 해결하는데 도움이 되는 교육을 원하고 있음을 알 수 있다. 따라서 본 프로그램에서는 자녀의 미래를 위해 어머니로서 해야 할 중요한 역할이라 생각되는 건전한 결혼관을 심어주기 위한 어머니 역할에 대한 내용과, 자녀와의 갈등의 건설적인 해결을 다루고자 하며 갈등해결과 관계향상의 밑받침이 되는 효율적인 의사소통 내용을 다룸으로써 중년기 주부의 자녀를 위한 상담자로서의 역할과 미래를 예견하는 안내자로서의 역할에 도움을 주고자 한다.

마지막 자녀의 적성에 알맞은 직업선택 지도에 관한 내용은 자녀와의 기능적인 의사소통을 통해 부모-자녀 간에 신뢰가 쌓이고 서로 간에 충분히 의견이 개진되면 자연적으로 이루어지리라 생각되므로 따로 다루기보다는 위의 내용들에 포함시키고자 한다. 이상의 내용들을 중심으로 한 중년기 주부 대상 성인자녀와의 관계향상을 위한 교육프로그램의 구체적인 내용은 〈표4〉와 같다.

3. 가족생활교육 프로그램 개발

1) 프로그램의 목표설정

본 프로그램은 자아정체감의 혼동과, 자녀의 독립을 경험하고 있는 중년기 주부들의 교육요구를 반영하여 가족생활교육 프로그램을 개발하고 실시함으로써, 중년기 주부들의 교육적 요구를 충족시켜 주고자 한다.

먼저 중년기 주부 개인적인 측면에서는 스스로를 재평가하면서 자신을 긍정적으로 수용하도록 하여 심리적 복지를 증진시키는데 그 목적이 있다. 또한 중년기 주부들이 바람직한 의사소통을 통해 성인자녀와 성숙된 관계를 맺으며, 미래를 예견하는 안내자로서 자녀의 건설적인 미래생활 구축을 도와주고, 나아가 자녀의 진수를 미리 예견하고 준비하여 어머니 역할변화에 대해 의연하게 대처하도록 하는데 그 목적이 있다.

교육프로그램의 구체적인 목적은 아래와 같다.

첫째, 중년기의 다양한 변화에 대한 이해와, 자아재평가를 통해 중년기 주부의 자아존중감을 높여 심리적 복지감을 증진시킴으로써 가족과 사회에서의 적응을 돕는다.

둘째, 중년기 주부와 자녀간의 성숙한 관계맺기를 도와 가족의 화합을 이룩하여 가족생활의 질을 향상시킨다.

셋째, 중년기 주부 자신들의 자녀뿐만 아니라 신세대에 대한 이해를 도와 사회의 안정과 통합에 이바지한다.

넷째, 중년기 주부들의 자신에 대한 올바른 인식과 함께 이를 통해 비슷한 연령대의 배우자에 대한 이해심을 높여 부부관계 향상에도 도움을 주고자 한다.

프로그램의 단계별 세부목표는 교육프로그램 내용의 〈표4〉에 함께 제시하였다.

2) 프로그램의 내용선정

교육프로그램의 내용은 앞의 요구도 분석을 근거로 계속성과 계열성, 통합성의 원리에 따라 8단계로 구성하였다. 그 내용은 〈표4〉와 같다.

〈표4〉 중년기 주부 대상 성인자녀와의 관계향상을 위한 프로그램 내용

단 계	교 육 내 용	교 육 목 표
1단계 오리엔테이션	* 전체 교육프로그램에 대한 개요 설명 * 자기소개 및 사전검사	* 집단성원간의 rapport형성 * 전체 프로그램에 대한 이해 증진과 적극적인 참여 유도
2단계 "나는 지금 어디에?"	* 중년기의 특성: 신체적·심리적·가족관계적 특성 위기감: 적응의 시기	* 중년기의 다양한 특성에 대한 이해 * 개인의 신체적·심리적 노화의 수용과 적응
3단계 "진정한 나는?"	* 진정한 나의 발견 * 있는 그대로의 나의 수용 * 긍정적인 자아상과 자아존중감 이해	* 자기이해와 자기수용 * 자아존중감의 고취
4단계 나와 자녀: "내게 너의 의미는?"	* 한국가족에서의 어머니와 자녀 관계: 한국의 어머니들에게 있어서 자녀의 의미	* 현대 가족에서의 부모-자녀 관계에 대한 올바른 이해
5단계 나와 자녀: "함께 또는 따로"	* 가족생활주기 단계에 따른 어머니 발달과업의 변화 * 중년기 주부: 자녀와의 심리적 이유의 필요성, 새로운 역할의 정립	* 가족생활주기별 어머니 발달과업에 대한 이해 * 성인자녀와의 세대차이 극복

단 계	교 육 내 용	교 육 목 표
6단계 나와 자녀: "벽이 없는 우리"	* 의사소통의 의미와 중요성 * 성인자녀와 동등한 의사소통을 위한 조건들: 적극적 경청, 감 정이입, 개방성, 긍정적 인정 * 의사소통의 장애요인들	* 의사소통에 대한 이해증진 과 성인자녀와의 효율적인 의사소통 기술의 습득 * 가족문제 사전예방
7단계 나와 자녀: "동등한 나와 너"	* 자녀와의 건설적인 갈등해결: 양승적 갈등해결의 단계 * 갈등해결과정에서의 상대입장 되어보기	* 건설적인 갈등해결방법 습득 * 1:1의 인격적 관계맺기
8단계 "너의 행복한 미래를 위하여"	* 결혼의 진정한 의미 * 건전한 결혼관을 심어주기 위한 바람직한 부부관계: 자녀의 역 할모델로서의 어머니 역할과 부 부관계 * 사후검사 * 프로그램 전반에 대한 질적 평가	* 자녀의 결혼관 인정하기 * 자녀에게 미치는 부부관계 의 중요성 인식: 부부관계 의 재정립 * 프로그램의 효과분석

1단계는 프로그램 전반에 관한 오리엔테이션 과정이며, 2단계는 중년기 특성에 대한 이해의 시간, 3단계는 자신을 되돌아보는 자아평가의 과정을 통해 자아존중감을 고취시키는 내용으로, 이 2·3단계는 중년기 주부들을 위한 기초교육으로 전체 프로그램의 도입 부분에 속한다.

다음 4단계부터 8단계까지는 성인자녀와의 관계향상을 위한 바람직한 어머니 역할에 관한 교육내용으로 본 프로그램의 핵심 부분이다. 먼저 4단계에서 우리나라 특유의 미분화되고 과 애착적인 어머니와 자녀관계가 전통적인 한국의 가족관계에서 유래됨을 살펴보고 현대가족에서 바람직한 부모-자녀관계를 살펴볼 것이다.

5단계에서는 자녀의 성장에 따라 어머니의 발달과업이 어떻게 변화하는지를 밝히면서, 중년기 어머니의 발달과업으로 성인자녀와의 심리적 이유의 필요성을 인식시키고자 한다. 이 심리적 이유를 촉진하게 될 개방적 의사소통과 양승적 갈등해결 방식을 다음 6·7단계에서 다룸으로써 자녀와의 관계에서 역기능적인 부분들을 기능적이고 상호성장이 가능한 방향으로 해결토록 할 것이다.

마지막 8단계에서는 자녀의 독립기에 어머니로서 해야 할 가장 중요한 역할인 자녀의 건전한 결혼을 위한 어머니 역할에 대한 내용을 다루고 전체 프로그램을 종결짓는다.

3) 프로그램의 실시방법

본 프로그램은 막내자녀가 고등학교 졸업 이상의 연령인 중년기 주부들이 대상이므로 연령과 가족생활주기는 거의 비슷하다고 하겠다. 차갑부(1993)가 지적한 동질적인 집단을 구성하기 위해 중년기 주부들의 학력과 가족유형, 취업여부 등을 고려하여 비슷한 특성을 지니는 학습자들로 집단을 구성하고자 한다.

한편 상호학습의 원리와 참여교육의 원리를 반영하여 소집단 수업을 실시하고자 하는데, 대부분의 연구들(김동위, 1996: 이시연, 1995: 이혜숙, 1992: Hennon & Arcus, 1993: Small & Eastman, 1991)이 10명 이내가 적정인원임을 지적하고 있으며, 인원수가 많으면 학습자들 각자가 사용할 수 있는 시간이 적어지고, 반면 너무 적으면 다소 위협적이 될 수 있으므로 본 프로그램에서는 집단의 규모를 6인 이상 10인 이내로 한정하고자 한다.

또한 본 프로그램에서는 단순히 지식을 전달하는 강의위주의 방법보다는 학습자들의 자율적인 참여를 유도하기 위해 각 단계마다 다양한 활동을 주 내용으로 하였으며, 이 활동과정에서 얻은 경험을 토론을 통해 서로 공유토록 하여 집단성원들 간에 감정이입을 촉진시키고자 한다. 아울러 중년주부 자신과 자녀와의 관계에 대한 회상을 통해 스스로에 대한 재평가와 자녀와의 건설적인 관계를 모색하도록 한다.

한편 프로그램의 여덟 단계 각각은 도입, 강의 또는 활동, 그리고 종결 단계를 거치게 된다. 도입 단계에서 그 단계의 목표를 주지시키고 이전 단계의 교육내용을 다시 한 번 점검토록 하는데, 이 시간은 10분 내외로 한다. 다음 강의 또는 활동 단계에서는 각 단계에서 다루어야 할 이론적 내용과 관련 활동을 실시하는데, 강의 부분에 20-30분, 활동 부분에 70-80분 정도를 할애하고자 한다. 마지막 종결 단계는 그 단계의 교육일지 작성과 함께 다음 단계의 과제를 제시하는데, 소요시간은 10분-20분 정도로 한다.

성인들의 학습능률을 높이기 위해서는 충분한 시간적 배려가 필요하다는 견해(김충기·정채기, 1996: 이상원, 1986: 정지웅·김지자, 1986)와 장기간의 수업을 피하여야 한다는 견해(Lenz, 1980)를 반영하여 2시간을 각 단계의 적정시간으로 하며 2시간 30분을 넘지 않도록 한다.

또한 중년기 주부들은 학습에 대한 두려움과 불안감이 많으므로 이런 공포감을 극복할 수 있도록 교육자뿐만 아니라 학습자들 간에도 상호 격려하는 풍토를 조성하고자 한다.

4) 프로그램의 평가방법 설정

본 프로그램에서는 Hughes(1994)의 평가단계 중, 각 단계마다의 종결과정에서의 평가와 단기간의 목표달성 여부에 대한 평가를 실시하고자 한다. 각 단계마다 종결과정에서 교육일지 작성을 통한 평가를 실시하여, 그 단계의 학습목표를 얼마나 달성하였는지, 그리고 새롭게 배운 내용이나 깨닫거나 반성한 내용 등에 대해 학습자들 스스로 기록하도록 한다.

프로그램의 목표달성 여부에 대한 평가는 First와 Way(1995)가 주장한 프로그램 종료 후 개인별 면접을 통한 질적 평가를 실시해 프로그램의 종합적인 영향력을 분석해 보고자 한다. 개인별 면접 시의 주

84

요 질문은 가장 인상 깊었던 프로그램의 단계나 활동, 프로그램 참석을 통해 자기 자신, 자녀와의 관계와 부부관계에서 새롭게 배운 점이나 느낀 점 그리고 앞으로의 다짐, 프로그램 자체의 문제점과 미비점, 새로운 프로그램에 대한 바람 등이다.5)

이와 함께 프로그램 실시 전과 실시 후에 질문지에 의한 사전·사후 검사를 통해 프로그램의 목표달성 여부를 양적으로도 분석해 보고자 한다. 이를 위해, 본 프로그램의 목표와 관련하여 중년기 주부 개인적 차원은 자아존중감 척도와 심리적 복지감 척도를, 자녀와의 관계향상 정도는 부모역할 만족도 척도를 사용하였다.

자아존중감 척도는 선행연구들에서 가장 많이 사용하고 있는 Rosenberg(1965)의 척도를 번안하여 사용하였으며, 여기에 중년기 주부에게 적당하다고 느껴지는 5문항(최보가·전귀연, 1993)을 첨가하여 총 15문항으로 구성하였다. 각 문항은 5점 Likert형으로 구성되었으며 점수가 높을수록 자아존중감이 높음을 의미한다.

심리적 복지감은, 자녀와의 관계에 의한 부모의 심리적 복지감을 측정한 Umberson(1989)의 심리적 복지감 척도를 우리 실정에 맞게 번안하여 사용하였다. 역할에 따른 자신에 대한 긍정적 감정, 생의 의미 등을 포함하고 있는 총 33문항 중 내용이 중복되는 문항들을 제외하고 20문항을 선정하였다. 각 문항은 5점 Likert형으로, 점수가 높을수록 심리적 복지감이 높음을 의미한다.

성인자녀와의 관계향상을 측정하기 위해서는 현온강(1993)의 부모역할 만족도 척도 48문항 중, 중년기 주부와 성인자녀와의 관계에 적용할 수 있는 21문항을 선정하여 문항내용을 수정하였으며, 각 문항은 5점 Likert형으로 구성되었고 점수가 높을수록 자녀와의 관계에서 만족도가 높음을 나타낸다.

---

5) 구체적인 내용은 145쪽의 〈부록3〉 참고.

　세 가지 척도의 신뢰도를 파악하기 위해 중년기 주부 100명을 대상으로 설문지를 배부한 후 72부를 최종 분석자료로 삼아 통계 처리한 결과는 〈표5〉와 같다.

〈표5〉 측정도구의 신뢰도

척　도	자아존중감	심리적 복지감	자녀관계 만족도
Cronbach'α	α = .82	α = .90	α = .91

V. 중년기 주부 대상 성인자녀와의 관계향상을 위한 가족생활교육 프로그램의 실시 및 평가

1. 프로그램 참여자의 일반적 사항

프로그램에 참여한 중년기 주부는 총 8명으로 그들의 일반적 사항은 〈표6〉과 같다.

〈표6〉 프로그램 참여자의 일반적 사항

참여자	연령(만)	학력	취업여부	남편연령	남편학력	자녀(연령순)	월평균소득
A	52세	고졸	취업	60세	대졸	1녀(취업) 1남(대학재학)	250만원
B	54세	고졸	미취업	56세	대학원졸	1남(대학재학) 2남(군 입대)	300만원
C	50세	고졸	미취업	53세	대졸	1녀(취업) 1남(군 입대) 2남(군 입대)	400만원
D	52세	고졸	미취업	60세	대졸	1남(대학재학) 1녀(대학재학) 두 명 모두 유학 중	500만원
E	45세	고졸	미취업	50세	대학원졸	1남(대학재학) 1녀(군 입대)	300만원
F	51세	고졸	미취업	56세	대졸	1남(군 입대)	200만원
G	55세	국졸	미취업	54세	고졸	1남(취업) 2남(대학원재학) 1녀(혼인)	400만원
H	55세	국졸	미취업	56세	고졸	1녀(유학중) 2녀(혼인) 3녀(대학재학) 4녀(대학재학) 5녀(대학재학) 1남(고3)	500만원

참여자들의 출생시기는 1942년에서 1952년까지로 같은 집단 안에서도 10년이란 연령 차이가 있었다. 참여자들의 특징적인 사항을 살펴보면 A씨는 여성단체의 간사 일을 맡고 있는 취업여성이다. C씨의 1녀는 지방취업으로 부모와 동거하지 않고 일주일에 한 번씩 상경하고 있는 상황이다. D씨는 자녀들이 모두 다 외국에 유학 중이어서 실제 부부만이 생활하고 있으나, 제일 먼저 프로그램의 참여를 신청했으며, 자녀와 떨어져 있으므로 자녀에 대해 더 많은 걱정과 관심이 있다고 하면서 매시간 적극적으로 참석하였다. 다른 모든 참여자의 가족형태가 핵가족이었으나 F씨는 78세의 시모를 모시고 있었으며, 남편이 지방근무 중이어서 주말부부였다. G씨의 경우는 막내딸은 결혼하여 출가하였으며 차남은 유학 중인데, 34세의 장남이 아직 미혼으로 부모와 동거하고 있었다. H씨는 1남 5녀의 자녀 중 막내가 고등학교 3학년으로, 본 프로그램의 대상이 막내자녀가 고등학교를 졸업하여야 한다는 조건에 위배되나, 여러 명의 자녀로 인한 어머니 역할의 어려움을 호소하면서 자발적인 참여를 원해 참가하게 되었다.

이들 참여자들 모두는 8단계의 프로그램 전 과정에 한 번도 결석하지 않았으며, 모든 과정이 끝난 후 개별면접에도 적극적으로 응하였다. 참여자들 중 C씨와 E씨 두 명을 제외하고는 취미생활을 함께 하는 단체의 성원들이었다.

2. 프로그램의 준비 및 실시과정

본 프로그램은 97년 12월 12일부터 98년 2월 13일에 걸쳐서 실시되었다. 이 기간 동안 매주 금요일 오후 2시부터 2시간 이상이 걸린 8번의 만남을 통해 프로그램의 전 과정을 실시하였다.

　홍보의 어려움과 집단구성의 어려움 등으로 중년기 주부들이 집단으로 활동하고 있는 기존의 단체들을 직접 찾아가 프로그램의 요지를 설명하고 참여를 권하였다. 그 결과 茶道를 함께 공부하는 모임에서 여섯 명의 집단이 구성되었다.

　프로그램 실시 시 보조자의 도움이 필요하여 대학생 세 명을 보조자로 함께 참여시켰는데, 이들의 어머니에게 참여를 권유하는 서신과 함께 프로그램 내용의 요약본을 함께 보낸 결과 한 명이 친구와 함께 참여할 뜻을 밝혀 두 명이 더 참석하게 되었다. 그리하여 최종 8명으로 집단이 구성되었다.

　한편 보조자들은 그 단계의 교육내용을 미리 알고 있어야 하므로 교육시작 이전에 미팅시간을 갖고 강의내용을 숙지하고 활동을 직접 해본 후 교육에 참가하였다. 각 단계마다의 강의내용과 활동, 평가로 이루어진 work-book을 만들어서 1단계의 시작과 함께 배부하였으며, 8단계가 끝난 후 프로그램 평가를 위하여 다시 회수하였다.

　또한 프로그램 실시과정에 대한 평가를 위해 학습자들의 동의를 얻어 매 단계를 녹음하였다. 교육장소는 학습자들의 요구에 의해 성균관대학교 내 유림회관의 교육관을 이용하였다. 8단계까지 프로그램의 전 과정을 마친 후, 프로그램 효과에 대한 질적 분석을 위해 참여자 8명과 개별면접을 실시하였다.

3. 프로그램의 실시

1) 1단계: 프로그램에 대한 오리엔테이션 단계

(1) 강 의

프로그램 전체의 도입 부분으로, 가족관계에서 상하세대의 정서적·물질적 지원자로서 중추적 역할을 담당하고 있는 중년기 주부들에게 가족문제를 예방하고 해결하는데 도움을 주는 가족생활교육이 필요함을 설명하였다. 특히 교육에 대한 요구도 조사결과 중년기 주부들이 성인자녀와의 관계향상에 가장 높은 관심을 나타내, 본 프로그램을 개발하게 되었음을 설명하였다.

그리하여 중년기 주부들이 세대차이의 수용, 자녀의 발달과업과 대화의 중요성 등을 인식함으로써 자녀와의 관계를 향상시키는 것이 본 교육프로그램의 목표이며, 이와 함께 중년주부가 개인적으로 자아재평가의 기회를 통해 자아존중감을 고취시켜 중년기를 보다 활기차게 보낼 수 있도록 하는데도 그 목표가 있음을 설명하였다.

여덟 단계의 개요 설명과 함께 프로그램의 각 단계가 강의, 활동, 평가로 이루어짐을 설명하였다. 또한 집단의 규칙으로 모든 이들이 적극적으로 참여할 것과 개개인의 모든 의견은 존중되어야 함을 강조하였다.

교육자와 보조자를 소개한 후, 프로그램의 전 과정이 녹음되는 것에 대해 양해를 구하였으며, 첫 단계와 마지막 단계에서는 질문지를 통한 사전·사후평가가 있음을 설명하였다.

(2) 활동 및 반응

① 활동1: 이름표 만들기

활동2의 자기소개의 자료가 되고 앞으로 매 단계마다 부착하게 될 이름표를 만들었다. 처녀시절의 꿈, 제일 좋아하는 일과 잘하는 일, 자신을 제일 잘 나타내는 형용사 등을 이름과 함께 기입하도록 하여 자신에 대한 탐색의 시간이 되도록 했다. work-book의 예와 보조자들이 미리 만든 샘플을 보여 주면서 참고하도록 했다. 피교육자들의 적극성을 알아보고자 다양한 색깔의 색상지와 색연필을 준비하였는데, 피교육자들이 서로 경쟁적으로 밝은 색을 사용하려 하였으며, 모양내기에 열심이었다. 피교육자 모두가 오래간만의 이런 활동에의 참여를 매우 재미있어 하였다.

그러나 대부분의 피교육자가 자신을 잘 나타내는 형용사를 적는데서 많이 머뭇거렸으며, 자신 있게 자신의 장점을 표현하지 못하여 중년기 주부들에게 자아존중감이 결여되어 있음을 느낄 수 있었다. 교육자가 모든 사람에게는 장점이 있음을 강조하면서 자신 있게 쓸 것을 권유하였으나, 두 명은 끝내 기록하지 못하였다. 그리하여 중년기 주부들에게 자아존중감을 고취시킬 교육이 필요함을 확인할 수 있었으며, 본 프로그램의 필요성을 입증할 수 있었다.

② 활동2: 자기소개

집단성원간의 rapport를 형성하기 위해 이름표를 가슴에 달고 돌아가면서 자기소개를 하도록 했다. 교육자가 먼저 소개를 한 후 돌아가면서 소개를 하였는데 모두들 직업경력, 학력, 고향 등 과거의 상세한 부분까지도 이야기하였으며, B씨와 C씨는 이름에 대한 콤플렉스를 이야기하기도 했다. 처녀시절의 꿈을 이야기할 때는 부모님에 대한 이야기까지 거슬러 올라가기도 했다.

성장기의 경제적 어려움과 남녀불평등의 가치관에 의해 대부분의 가정에서 여성들이 남자형제들을 위해 중간에 학업을 포기해야만 했던 시대적 상황이 꿈을 이루지 못하게 된 원인이라는 점에 피교육자들 모두가 공감함으로써, 같은 시기를 살아온 동시집단으로서의 동료의식을 보여 주었으며, 이를 통해 처음 만난 피교육자들과도 친밀감을 나누게 되었다.

③ 활동3: 이름 익히기

피교육자들 중 두 명을 제외하고는 서로들 구면이고 활동1과 2의 과정을 통해 서로가 친밀감을 나눌 수 있었으며, 활동1과 활동2에서 한 시간 30분 이상이 소요되었고, 사전검사를 실시해야 하는 점 등을 고려하여 활동3은 제외하였다.

④ 사전검사

프로그램 실시 전과 후의 점수비교를 통해 본 프로그램의 교육적 효과를 분석하기 위해 자아존중감, 심리적 복지감, 자녀관계 만족도 질문지를 통한 사전검사를 실시하였으며 25분에서 35분가량이 소요되었다.

(3) 평 가

오리엔테이션 단계였으므로, 피교육자들의 교육일지 작성을 통한 평가 대신 이번 시간의 느낌이나 앞으로 함께 할 시간에 대해 바라고 싶은 점을 이야기하도록 하자, 1남 5녀를 둔 어머니인 H씨가 "아이들을 키우면서 많은 어려움을 겪게 되는데 이런 교육을 통해 많은 것을 배우게 되기를 기대한다."고 하여 교육에 대한 높은 관심을 보여 주었다. 첫 만남인데도 불구하고 매우 화기애애하고 진지한 분위기에서 진행되어 교육자로서는 매우 안심이 되었다.

〈표7〉 프로그램 1단계: 프로그램에 대한 오리엔테이션

단 계 명	제 1단계: 프로그램에 대한 오리엔테이션	
교육진행 절 차	교 육 내 용	비 고 (준비물)
목 표 (10분)	1. 전체 프로그램에 대한 이해와 필요성을 인식한다. 2. 집단성원간의 rapport를 형성한다. 3. 자신에 대한 탐색의 시간을 갖는다.	* 칠판, 녹음기, 필기도구 * 프로그램 전체의 강의안과 활동을 설명하는 work-book
강 의 (10분)	전체 프로그램에 대한 개요설명과 함께 프로그램의 필요성에 대해 인식시키고, 적극적인 참여를 유도한다.	

활동·실습
및 토 론
(120분)
	1. 이름표 만들기
	  성명, 자녀사항(수, 성별, 연령 등), 제일 잘하는 일, 좋아하는 일, 집단에서 불려지고 싶은 애칭 또는 별명, 처녀시절의 꿈 등을 기입한 이름표 만들기를 통해 자신에 대한 탐색의 시간을 갖도록 한다.
	2. 자기소개
	  자신이 만든 이름표를 가지고 집단성원들에게 자신을 알림으로써 자기개방의 전제과정을 갖도록 한다. 아울러 이를 통해 집단성원간에 rapport를 형성토록 한다.
	3. 게임을 통해 서로의 이름과 별명을 익히고, 벌칙으로 애창곡을 부르도록 한다.
	4. 사전검사
		* 이름표 만들 색상지, 색연필, 가위
		
		* 사전검사지(자아존중감, 심리적 복지감, 자녀관계 만족도 척도)

종 결 (10분)	* 프로그램의 필요성을 재확인시키고 적극적인 참여를 다시 한 번 부탁한다. * 다음 시간 내용을 예고한다. * 과제: [우리 이웃 열한 가족 이야기] 中 '중년 후기 가족: 위기의 여자'를 읽고 자신이 공감하는 부분들에 대해 기록해 오거나 또는 줄을 쳐오도록 한다.	* [우리 이웃 열한 가족 이야기]책 배부

2) 2단계: 중년기 특성에 대한 이해 단계

(1) 강 의

개인적으로 중년기가 연장되고 사회적으로도 중년인구가 증가하게 되면서, 중년기에 대한 개인적·사회적 관심이 증가하고 있음을 설명하였다. 중년기에 대한 이해를 높이기 위해 중년기 주부들이 이 시기에 경험하게 되는 갱년기 증세로서의 폐경 등의 신체적 특성과, 성역할의 변화, 시간전망의 변화, 유한성에 대한 인식, 자아의 재평가 등의 심리적 특성도 설명하였다. 아울러 샌드위치 세대로서의 어려움과 중년 이후에 부부 둘만의 시간이 길어지게 되면서 부부관계가 중시되는 가족관계적 특성에 대해서도 강의하였다.

또한 중년기가 위기의 시기라는 견해와 인생의 절정기라는 견해가 대립하고 있지만, 위기의 시기라기보다는 성숙과 발달의 계기가 될 수 있는 인간발달의 자연스런 한 단계임을 강조하였다.

(2) 활동 및 반응

① 활동1: 과제를 통한 중년기 특성에 대한 이해

중년기에 경험하는 개인적인 변화와 다양한 생활사건에 대한 전반적인 이해를 돕고자 지난주 과제로 내주었던 책을 읽고 공감하는 부분을 이야기하도록 했다. 대부분이 다 공감되는 내용이지만, 특히 자녀의 대학입시문제가 가장 공감되는 부분이었음에 피교육자들 모두가 일치를 보였다.

G씨: "저는 명문대학 못 보낸 좌절감이 너무 심했어요, 정말 죽고 싶었지요……"
B씨: "큰애가 고등학교 때 성적이 안 좋아서 우울증도 겪고……, 원하던 대학 못

들어갔을 땐 그 좌절감이란…… 말로 할 수 없어요……, 요샌 그냥 받아
들여져요."

대부분의 피교육자가 자녀의 대학입시만큼은 마음대로 되지 않는 문
제로 그 당시는 힘들더니 지나고 나니까 받아들여지며, 어쨌든 어머니
로서 무거운 짐을 벗어버린 것에 대해 현재는 안도감을 느낀다고 했
다. 그리하여 교육자가 자녀의 대학입학으로 어머니의 역할수행을 평
가하는 사회분위기가 지양되어야 하며, 어머니들 또한 자녀를 통한 대
리성취에서 벗어나, 자녀의 있는 그대로 수용하는 자세가 필요함을 설
명했다. 교육자의 '대리성취'라는 지적에 대해 모두들 자녀가 잘되기를
바라는 것이지 대리성취는 아니라고 하면서도 완전히 부인할 수는 없
다는 점을 인정하였다.

② 활동2: 폐경경험 이야기하기

여성들이 중년기에 경험하는 가장 중요한 변화인 폐경에 대해 어떤
반응을 보이는지를 알아보고 이를 긍정적으로 수용하도록 하기 위해 돌
아가면서 폐경 경험을 발표하도록 했다. 그러자 폐경을 경험한 집단과
아닌 집단으로 나뉘면서, 폐경을 경험한 피교육자들이 경쟁적으로 이야
기를 시작했다.

D씨: "너무 너무 시원했어요, 편안하구……, 그런데 다른 때랑 똑같은 상황인데
도 남한테 섭섭한 마음이 생기더라고요."
H씨: "나도 시원했어요, 그렇게 좋을 수가 없더라고요."
G씨: "늦게까지 해서 친구들한테 젊다고 자랑하고 다녔는데, 막상 경험하게 되
니까, '이제 정말 갔구나.' 하는 생각이 들더라고요, 너무 섭섭했어요……,
기억력은 확실히 떨어져요."
B씨: "받아들이려 했는데도, 불안하고 초조했어요……, 폐경 후엔 능률이 떨어져
서 계획대로 일을 할 수가 없어요……, 중요한 변화는 즐거움의 농도가

> 얕아진다는 거예요. 매사에 재미가 없어지고, 흥미도 없어져요……, 모든
> 일에 자신도 없어지고요."

폐경을 경험하지 않은 F씨가 실제 신체적인 변화보다 개인의 성격에 따라 폐경에 대한 태도가 달라지는 것 같다는 지적을 함으로써, 폐경의 긍정적·부정적 경험에 있어서 성격특성의 중요성을 언급하였다. 이로써 폐경이 신체적인 증상일 뿐 아니라 생활전반에 영향을 미치지만, 인성특성에 따라 경험의 양상이 달라지므로 삶에 대한 긍정적인 시각을 갖도록 하는 본 교육의 필요성을 확인할 수 있었다. 그리하여 자신의 인성특성을 분석하고 긍정적인 측면을 고양시키기 위한 활동4와 연계시켰다.

한편 폐경을 경험하지 않은 피교육자들은 先驗者들을 통해 정보와 위안을 얻은 것으로 나타나, 이 활동이 중년초기 주부들에게 폐경에 대한 마음의 준비와 함께 갱년기 우울증 등을 미연에 방지할 수 있는 場이 되었음을 알 수 있었다.

③ 활동3: 인생평가 해보기

중년기가 삶의 재평가의 시기이므로, 지금까지의 삶을 평가해 보고 현재의 만족도를 기록해 보도록 했다. 옆 사람과 비교하면서 모두들 열심히 그렸다. 현재 생활에 높은 점수를 준 피교육자들이 먼저 적극적으로 발표하였다. 과거의 부정적인 점수들은 자녀의 사망, 자녀의 성적부진, 딸만 출산한 괴로움 등 모두 자녀와 관련이 있음을 피교육자들이 지적해 냈다. 따라서 우리나라 어머니들의 행·불행은 자녀와의 관계에서 비롯되므로 자녀와의 관계향상을 목적으로 하는 본 프로그램의 필요성을 다시 한 번 확인할 수 있었다.

한편 현재의 생활만족도는 두 명을 제외한 피교육자 모두 10점 만점에서 8점 이상을 나타내, 중년기에 위기를 경험하기보다는 만족스럽게

생활하고 있음을 보여 주었다. 그리하여 교육자가 피교육자들의 이런 만족감이 계속 유지되기 위해서는 긍정적인 사고가 필수적이며, 이는 본 프로그램의 3단계에서 다루어질 것임을 미리 예고했다.

피교육자 모두 지금까지 경험해 보지 못한 활동에 매우 흥미 있어 하면서 진지하게 참여하였다. 피교육자들은 인생회고를 통해 자신들이 지금까지 자녀가 전부였던 삶을 살아왔음을 깨닫는 시간이었다.

④ 활동4: 인생지각 척도

삶에 대한 긍정적·부정적 인식을 판별해 보는 인생지각 척도를 이용해 중년기 주부들이 자신의 인생관을 스스로 분석해 보고 보다 긍정적인 인생관을 고취시키는데 도움을 주고자 활동을 실시하였다. "산다는 것은 _____ 이다"라는 문장에 자신이 생각하는 형용사 10개를 골라 문장을 완성시키도록 하였다.

교육자가 부정적인 측면을 긍정적으로 변화시키려는 노력이 있어야 삶을 보다 충만하게 살 수 있음을 이해시켰다. 자신들이 체크한 항목을 보고

F씨: "앞으로 너그러운 성격을 가지고 생활해야겠어요. 제가 지금을 최악의 시기로 느끼게 된 것도 성격 때문인 것 같아요."
A씨: "자신감을 갖고 적극적으로 생활하도록 노력해야겠어요."
E씨: "포용력 있는 자세가 필요할 것 같아요."

등을 피교육자들이 지적함으로써 자신들의 부정적인 면을 고치려는 적극적인 자세와 다짐을 나타내, 이 활동이 피교육자들에게 자신의 인성을 객관적으로 판단해 보고 보다 발전적인 측면으로 변화할 수 있는 계기가 되었음을 알 수 있었다.

(3) 평 가

이 시간을 통해 배운 점이나 느낀 점을 교육일지에 기록하도록 한 결과, 자세히 몰랐던 중년기의 심리적 특성, 특히 성역할의 변화를 이해할 수 있게 된 점을 공통적으로 지적하였으며, 육체적인 건강보다 정신적인 건강이 더 소중하며(C씨), 자녀들로 인해 나를 돌아볼 시간이 없었는데 나 자신을 되돌아볼 기회를 갖게 된 점(H씨)을 지적하였다. 아울러 참여자 모두가 성격을 긍정적이고 적극적으로 변화시키기 위해 노력할 것을 다짐하였으며, 타인 특히 가족들을 보는 시각을 변화시키기 위해 노력하겠다는 각오도 하였다(D씨). 또한 비슷한 연령대의 다른 피교육자들과 많은 것을 공감할 수 있었으며, 나의 소중함을 느낄 수 있었음을(G씨) 지적하였다.

그리하여 이번 단계가 피교육자들에게 인생회고의 시간이었으며, 긍정적인 성격특성을 발달시켜 나가야 할 필요성을 인식하는 계기가 되어, 피교육자들의 보다 발전적인 방향으로의 변화 가능성을 예측할 수 있었다.

〈표8〉 프로그램 2단계 : "나는 지금 어디에?"

단 계 명	제 2단계 : "나는 지금 어디에?"	
교육진행 절 차	교 육 내 용	비 고 (준비물)
목 표 (5분)	1. 중년기의 신체적·심리적·가족관계적 특성에 대해 이해한다. 2. 중년기에 대한 올바른 이해를 통해 자신에게 일어나는 변화를 수용하고 적응한다. 3. 생의 회고를 통해 자아평가의 기회를 갖는다. 4. 생에 대해 긍정적 시각을 갖고 능동적인 생활을 한다.	* 이름표, work-book, 녹음기, 필기도구
강 의 (20분)	1. 중년기의 특성: 개인적으로 중년기의 연장, 사회적으로는 중년인구의 증가에 의해 중년기의 중요성이 부각됨을 설명한다. 　1) 신체적 특성: 노화의 시작, 폐경경험 등. 　2) 심리적 특성: 시간전망·성역할 등의 변화. 3) 가족관계적 특성: 샌드위치 세대, 빈 둥우리 증후군. 2. 위기감 대(對) 적응의 시기 중년기가 발달단계의 자연스런 한 단계로 성숙과 발달의 계기가 되는 시기임을 강조한다.	* 중년기의 신체적·심리적·가족관계적 특성에 관한 차트
활동·실습 및 토론 (100분)	1. 과제로 내주었던 '중년 후기가족: 위기의 여자'에 대한 토론: 자신이 공감하는 부분에 대해 구체적으로 이야기하도록 한다. 2. 자신의 폐경경험에 대해 돌아가면서 이야기하도록 한다. 3. 인생평가 해보기: 지금까지 가장 행복했던 시기, 가장 불행했던 시기가 언제였는지 그리고 중년기인 지금은 어느 정도인지를 이야기하도록 함으로써 각 개인의 life story를 들어본다. 4. 인생지각 척도를 통해 인생에 대해 어떻게 지각하고 있는지를 알아봄으로써, 긍정적인 인생관 고취의 필요성을 인식시킨다. 아울러 자아존중감의 중요성을 인식시키면서 다음 3단계의 내용과 연계시킨다.	* 지난 주 과제를 활동1로 확인, 피드백 주기 * work-book의 예 * work-book의 인생지각 척도
종 결 (25분)	* 평가: 교육일지 작성 * 과제: "나는 누구인가"에 대해 세문장 이상 만들어 오기 (또는 "지금까지 나는＿＿＿게 살았다", "나는＿＿＿사람이었다."에 대해 세문장 이상 만들어 오기).	* work-book

3) 프로그램 3단계: 자아존중감 고취 단계

(1) 강 의

지금까지 모든 관심의 대상이 '내'가 아니라 자녀 또는 남편이었던 중년기 주부들에게 이제는 '나는 누구인가?'에 대한 숙고의 시간과 이를 통한 진정한 자신의 발견이 필요하며, '나'에 대한 진정한 사랑이 타인에 대한 진정한 사랑임을 설명하였다. 아울러 우리나라 어머니들이 진정한 '내'가 없이 살아왔기 때문에 '자녀'에게 맹목적일 수밖에 없고 자녀의 독립으로 어려움을 경험하게 됨을 이해시켰다. 또한 나에 대한 진정한 사랑은, 자신에 대한 올바른 인식에서 출발하여 있는 그대로의 자신을 수용함으로써 이루어지는 자신에 대한 믿음임을 설명하였다.

(2) 활동 및 반응

① 활동1: '나는 누구인가?'에 대해 발표하기

자아존중감 구축을 위한 첫 번째 단계인 자기탐색의 과정으로, 진정한 자신을 발견하기 위해 지난 주 과제였던 '나는 누구인가?'에 대해 이야기하도록 했다. 모두들 너무 어려운 질문이라는데 공감하였다. E씨와 F씨는 아내와 어머니, 며느리로서 열심히 살았지만 나를 찾을 수 없는 것에 불안해했다. 한편 D씨와 G씨는 "엄마와 주부만으로 나를 표현할 방법이 없으니 그렇게 표현되는 게 싫지 않고 그것에 만족한다."고 하여 어머니와 아내 역할이 자신을 나타내는 유일한 길이기 때문에 애써 만족하려는 것으로 여겨졌다. 그러나 B씨는 "나를 찾기 위해 저는 배우는데 정신을 쏟았어요, 그래서 꽃가꾸기도 배웠고 茶道도 배우는 거예요." C씨: "한 남편의 아내, 애들의 어머니지만 내가 없으면 그들도 없잖아요, 내가 그들에게 종속되는 게 아니고 내가 있으니까 그들도 있다고 생각돼요.” 이들은 보다 적극적인 사고를 보여 줌으로써 삶에 대한 주인의식을 나타냈다. C씨의 말에 모두들 자극 받아 고개를 끄덕이며 주체적인 삶의 자세가 자신들에게도 필요함을 느끼는 듯 했다. 교육자가 나를 찾는 방법은 개인에 따라 다를 수 있지만 중요한 점은 삶에 대한 주인의식을 갖는 것이며 그것은 나를 사랑하기에서 비롯됨을 다시 한 번 강조하였다.

② 활동2: 추한 것도 나의 것, 아름다운 것도 나의 것

자신의 긍정적인 특성뿐만 아니라 부정적인 특성도 수용함으로써 자신을 있는 그대로 사랑하도록 하기 위해 자신의 자랑스러운 행동과 부정적인 행동을 기록하도록 했다. 자랑스러운 행동을 기록하는 데는 모두들 머뭇거린 반면 부정적인 행동은 평균 세 가지 이상씩 기록하여, 중년기 주부들이 스스로에 대해 자신감이 결여되어 있음을 알 수 있었으며, 따라서 그들의 자신감을 북돋아주기 위한 본 교육의 필요성을 확인할 수 있었다.

또한 부정적인 특성으로 대부분의 참여자가 공통적으로 지적한 ‘게으러짐’이 ‘좀 지저분한 대신 신체적으로 편안하고 짜증을 안 내게 되어서 좋다’는 긍정적인 의미를 가질 수 있듯이, 부정적인 측면도 관점의 전환에 따라 긍정적으로 받아들일 수 있음을 인식시켰다. F씨가 도저히 긍정적인 의미를 부여할 수 없는 부분도 있음을 제기하여, 교육자가 그 점마저도 수용할 수 있을 때 자신을 진정으로 사랑하게 되는 것이며, 더 나아가 그 점을 고치려는 노력을 기울여야 한다고 설명했다. 이 활동을 통해 피교육자들 모두가 발상의 전환이 얼마나 중요한지를 깨달았으며, 긍정적인 사고의 중요성을 인식하는 시간이었다.

③ 활동3: 장점세례

타인의 칭찬을 통해 자아존중감을 확고히 구축하도록 하기 위해, 피

교육자들이 서로의 장점을 칭찬하는 場을 마련하였다. 피교육자 각각에게 일곱 장의 카드를 나누어주고 자신을 제외한 피교육자 모두의 이름을 각 카드에 쓰게 한 후, 그 사람의 장점을 될 수 있으면 많이 기입하도록 하였다. 한 사람을 대상으로 참여자들이 돌아가면서 장점을 집중적으로 이야기해 줌으로써 자신이 느끼지 못한 장점을 발견하고 자아존중감을 확립하도록 하였다.

피교육자들이 돌아가면서 자신의 장점을 이야기해 줄 때는 대부분이 어색해하면서도 만족스러워 하는 표정으로, "감사합니다."를 계속했다. 카드를 회수하여 각자에게 돌려준 후 시간이 날 때마다 자주 보면서 장점을 계속 살려나갈 것을 권하였다. B씨: "집에 가서 식구들한테 보여주고 나한테 이런 장점이 있다는 것을 알려야 해." 하면서 기뻐하였다. 피교육자 모두가 공개적으로 칭찬을 받는 것을 매우 어색해 했지만 매우 고무된 모습들이었다. 따라서 이 활동이 중년기 주부들에게 자신감을 부여하고, 긍정적인 측면을 강화시켜 나가는 계기가 되었음을 알 수 있었다.

(3) 평　가

피교육자들 모두 자신이 그 무엇보다도 소중함을 깨달았으며 앞으로 나 자신을 더 사랑할 수 있도록 노력해야겠다는 점을 지적하였다. 또한 평범하지만 이 정도면 행복하며(A씨, D씨), 부정적인 행동을 변화시키기 위해 노력해야겠다는 각오를 보였다(A씨, D씨, E씨, F씨, H씨). 한편 자신의 장점을 발견해 준 피교육자들에게 모두들 감사의 마음을 전하였으며 가족뿐 아니라 모든 사람의 장점을 보도록 노력하겠음을 다짐하였다.

그리하여 자신에 대한 새로운 발견과 자아존중감의 고취라는 이 단계의 교육목표가 만족스럽게 달성되었음을 확인할 수 있었다.

〈표9〉 프로그램 3단계: "진정한 나는?"

단 계 명	제 3단계: "진정한 나는?"	
교육진행 절차	교 육 내 용	비 고 (준비물)
목 표 (5분)	1. 진정한 자신을 발견한다. 2. 있는 그대로의 자신을 수용한다. 3. 자아존중감을 구축한다.	* 이름표, 녹음기, 필기도구, work-book
강 의 (25분)	1. 모든 인간관계, 삶의 핵심은 나: 지금까지 그렇게 살아오지 못한 중년여성들에게 특히 자기이해, 자기사랑의 필요성을 강조한다. 2. 자아존중감의 의미와 중요성을 인식시킨다. 3. 자아존중감 구축을 위한 자기성장의 과정을 설명한다. 자기탐색->자기이해->자기수용->자기개방	* 자아존중감이 높은 사람과 낮은 사람의 행동특성 비교 차트
활동·실습 및 토론 (95분)	1. 과제로 내 준 "나는 누구인가?"에 대한 발표하기: 자기탐색의 단계 2. 추한 것도 나의 것, 아름다운 것도 나의 것: 자신의 행동특성 중 부정적으로 평가하는 행동과 자랑스러워하는 행동을 생각나는 대로 기록한 후, 돌아가면서 발표하도록 한다. 긍정적 의미 부여: 특히 부정적으로 평가한 행동특성들이 관점의 전환에 의해 갖게 되는 긍정적인 의미를 기록하도록 한 후 돌아가면서 발표하도록 한다.: 자기수용의 단계 2-1. 나를 나타내는 형용사 고르기: 긍정적·부정적인 의미를 지닌 40여개의 형용사 중 자신을 가장 잘 나타내는 5개를 고르도록 한다. 3. 장점세례: 집단성원들끼리 서로의 장점을 기술하여 상대에게 이야기해 줌으로써, 서로에게 자아존중감을 높일 수 있는 場이 되도록 한다.	* 2단계 과제를 활동1로 확인, 피드백 주기 * work-book * work-book * 집단성원들의 장점을 기록할 카드
종 결 (20분)	* 평가: 교육일지 작성 * 과제: 1. 지금까지 부정적으로 느꼈던 자신의 행동에 대해 새롭게 부여한 긍정적인 의미를 기록한 메모지를 눈에 잘 띄는 곳에 부처놓고 볼 때마다 자신의 긍정적인 면을 상기시키도록 한다. 2. 나에게 있어서 자녀의 의미에 대해 기록해 오도록 한다.	* work-book

4) 4단계: 전통과 현대의 어머니 역할에 대한 이해 단계

(1) 강   의

이 단계부터 자녀와의 관계를 다루게 됨을 설명하고, 그 첫 번째로 우리의 어머니들이 자녀에게 자신의 모든 것을 바칠 수밖에 없었던 원인을 전통사회의 여성들의 삶을 분석해 봄으로써 이해시켰다. 즉 전통적인 가부장사회에서의 女必婚 사상, 三從之道의 가치관, 父子線 중심의 가족구조 등으로 아들출생에 의해서만 여성이 지위를 획득할 수 있었으며, 이는 남성들의 생득지위와는 다른 성취지위임을 설명함으로써 자녀를 통한 대리성취적 여성의 삶을 이해시켰다. 아울러 효 사상에 의한 자녀들의 부모에 대한 절대적인 복종도 설명하였다.

이에 반해 현대의 핵가족에서는 애정을 기초로 한 부부관계가 가족관계의 핵심이며 자녀 또한 부모의 소유물도 대리성취의 대상도 아니므로, 부모와 자녀 간에는 1 對 1의 동등한 인격적인 관계가 이루어져야 함을 이해시켰다.

(2) 활동 및 반응

① 활동1: '나에게 있어서 자녀의 의미는?'에 대한 토론

현대사회를 살아가는 중년의 피교육자들도 자녀가 생의 전부로 인식되는지를 알아보고 특히 진수기에 속한 그들에게는 자녀의 자율성 인정을 통해 부모-자녀 관계의 재정립이 필요함을 인식시키기 위해 과제로 제시했던 '나에게 자녀의 의미는?' 에 대해 돌아가면서 이야기하도록 했다. 대부분의 피교육자들이 자녀가 성인이 되기 전까지는 어머니 역할이 인생의 전부였는데 지금은 그 정도는 아니며, 그 대신 부부관계에 관심을 갖게 된다고 했다. 한편

F씨: "남편이 애 우선이다 보니, 나도 따라가게 되더라고요. 그래서 우리 부부는
지금도 애가 우선이에요."
B씨: "지금까지 자녀가 물론 제일 중요하긴 했지만, 그래도 우리 부부는 부부중
심으로 살려고 노력했어요."

이를 통해 어머니의 자녀에 대한 의미 부여는 개인적인 문제라기보
다 부부관계 특히 남편의 자녀관에 의해 영향을 받게 됨을 알 수 있었
다. 따라서 중년기 주부뿐만 아니라 남편들을 대상으로 중년기 발달과
업과 자녀와의 관계에 대한 교육이 실시되어 부부가 함께 변화를 수용
함으로써 바람직한 부모-자녀 관계를 발달시켜 나갈 필요가 있다고 생
각되었다.

② 활동2: 자녀와의 관계에 대한 회고

자녀와의 관계를 회고해 보면서 그래프를 그리고 난 후 가장 행복했
던 시기와 가장 힘들었던 시기가 언제였는지를 이야기하도록 함으로써
피교육자들의 자녀를 통한 대리성취 여부를 분석하고자 했다. 2단계에
서 자신의 인생평가 해보기를 실시한 후라 훨씬 쉽게 그래프를 그렸
다. 모두들 자녀의 대학입시 시기를 가장 힘들었던 시기로 지적했다.

B씨: "큰아들이 내가 기대했던 대학에 못 들어갔을 때 실망이 컸어요."
G씨: "큰아들이 대학 떨어져서 재수도 하지 않고 대학을 포기하자 하늘이 무너
져 내리는 것 같았어요. 그 때가 가장 괴로운 시기였어요……, 지금은 아
버지 사업 도와서 잘 지내니 100점을 줄 수 있어요……, 지내고 나니 좋
은 대학 보내는 거 부모욕심이란 생각이 들더라고요"

이 부분에 대해선 모두들 공감하였다. 따라서 교육자가, 자녀의 능력
을 무시한 어머니들의 대리성취 욕구가 어머니 자신과 자녀 그리고 두
사람의 관계에 부정적인 영향을 미치게 됨을 지적하면서 지양되어야

함을 강조하였다. 100점을 기준으로 했을 때 현재 자녀와의 관계에 대한 만족도는 대부분 80점 이상을 주어, 자녀들과 비교적 잘 지내고 있음을 보여 주었다.

피교육자들이 자녀에게 인생 전부를 바쳤다면 자녀에게서 피교육자들이 받은 보상은 무엇인지에 대해 이야기하도록 하자, 모두들 부모역할이 보상을 바라고 하는 일이 아니라는 점을 지적하면서

> D씨: "내가 못한 것 시키면서 거기서 스스로 만족했으니까 대리성취가 보상이라면 보상이겠네요."

하여 대리성취의 일면을 또 드러냈다.

> B씨: "경제적인 면에 치중하며 살다보니 남만큼 해주지 못한 게 늘 안타깝고 아쉬워요. 그러니 보답을 바란다는 건 말도 안 되지요."

라고 하여 어머니의 무조건적인 사랑의 한 단면을 보여 주었다.

③ 활동3: 자녀생활에 대한 개입정도 알아보기

어머니의 인생 전부를 바친 무조건적인 사랑이 자녀에 대한 지나친 간섭이나 집착으로 나타나는지를 알아보기 위해 자녀생활에 대한 개입정도와 관심 부분을 묻자,

> D씨: "애들 친구관계를 알고 싶은데, 그 이유는 자녀를 이해하고 친해지고 싶어서지 간섭하고 싶어서가 아니야……, 애를 관리하기 위해 삐삐를 사줬어요. 언제, 어디에 있는지 알아야지 마음이 놓이지요."
>
> B씨: "이성관계에 신경이 쓰여요, 주역 책에서 봤는데 우리 애가 사귀는 여자애랑 맞지 않아…… 그래서 전화오면 쌀쌀맞게 대했더니 아들이 뭐라고 그러더라고."

이들은 자신들의 행동이 자녀에 대한 간섭이 아니라 자녀를 올바로 이끌기 위한 어머니로서의 역할임을 강조했다. 교육자가 특히 D씨의 '관리'라는 용어의 사용은 자녀를 아직도 자신의 소유물로 인식하고 있음을 그대로 보여주는 것으로, 어머니들의 이런 구속이 자녀들의 자율성을 침해하게 되고 결국 부모-자녀간의 갈등을 초래할 수도 있음을 설명하였다.

한편 피교육자 대부분이 딸들에게는 평생직장인 '결혼'을 잘하는 것이 최고라는 점을 강조해서 키우게 되며 특히 이성 친구관계에 대해 걱정이 된다고 했다. 이에 대해 자녀세대인 보조자들이 일이건 결혼이건 자신들의 미래는 자신들의 선택이며 부모들이 강요해서는 안 된다는 이의를 제기하여, 여성의 사회참여에 대한 피교육자와 보조자간의 토론이 계속되었지만, 피교육자들은 여전히 여자의 기본적인 임무는 가정을 지키는 일임을 강조하여, 특히 딸과의 갈등의 소지를 발견할 수 있었다. 따라서 피교육자들의 전통적인 성역할 고정관념을 깨우치기 위해 교육자가 '양성성' 개념을 설명하면서 사회변화에 적응하고 인간의 잠재력 개발을 위해 이를 수용해야함을 강조했다. 이에 대해 피교육자 모두가 현대사회에서 필요한 개념이며 이해는 하지만 받아들이기는 힘들다고 했다. 이들의 전통적인 가치관을 한 번의 교육으로 변화시키기를 기대하는 것은 무리이므로 이후의 단계들을 통해 지속적인 자극을 줄 필요성을 느꼈다.

한편 피교육자들이 자녀에 대한 어머니로서의 역할이라고 얘기하는 대부분의 개입이, 자녀를 신뢰하지 못하는데서 비롯되고 어머니의 지나친 집착이며 도리어 자녀에게는 짐이 된다는 점을 자녀세대인 보조자들이 지적하자 모두들 허탈한 모습을 보이면서 비로소 자녀가 성인임을 깨닫는 눈치였다. 따라서 교육자가 자녀에 대한 진정한 사랑은 그들의 자율성을 인정해 주고 자녀를 신뢰하는 것임을 다시 한 번 강조하고 교육일지를 작성토록 했다.

이 활동을 통해서 피교육자들은 지금까지 바람직한 부모역할로 인식하고 있었던 자신들의 행동이, 자녀세대에게는 간섭이요 집착으로 느껴졌다는 점을 인식함으로써, 부모역할 변화를 위한 동기를 제공받은 시간이었다. 이 변화를 위한 동기가 행동으로 옮겨지기 위해서는 올바른 자녀관을 심어줄 수 있는 본 프로그램과 같은 교육이 일회성이 아니라 지속적으로 실시되어야만 할 것으로 여겨졌다.

(3) 평 가

자녀에게 많은 것을 바랐기 때문에 갈등이 있었으며(G씨, F씨), 자녀에 대한 지나친 집착과 간섭에서 벗어나기 위해 노력해야 한다는 점을 깨달았다(A씨)고 했다. 한편 자녀에게 무조건적인 복종을 기대했던 점에 대한 반성과 아들과 딸 간에 차별이 없는 자세를 지향하고 자녀를 통한 대리성취가 아닌 자아성취를 위한 노력이 필요함을 지적하였다(E씨). 또한 자녀를 이해하기 위해서는 더 많은 공부가 필요하며(B씨) 자녀들과 동등한 관계를 맺기 위해 노력해야겠다는 다짐을 하였다(C씨, D씨, E씨).

그리하여 중년기 주부들의 가치관과 행동변화를 위한 충분한 동기가 제공되었다는 점에서 이번 단계의 의의를 찾을 수 있었다. 피교육자들이 자녀와의 동등한 관계맺기와 자녀에 대한 이해의 필요성 등을 인식하였으므로, '바람직한 부모-자녀관계에 대한 이해증진'을 목표로 했던 이번 단계의 교육목표가 달성되었다고 하겠다.

〈표10〉 프로그램 4단계: 나와 자녀 - "내게 너의 의미는?"

단 계 명	제 4단계: 나와 자녀 - "내게 너의 의미는?"	
교육진행 절　차	교　육　내　용	비　고 (준비물)
목　표 (5분)	1. 전통 한국가족에서의 가족관계적 특성을 이해한다. 2. 현대가족의 바람직한 부모-자녀관계에 대해 이해한다.	* 이름표, 　녹음기, 　필기도구, 　work-book
강　의 (20분)	1. 전통 한국가족의 가부장적 가족관계의 특성과 가족주의 가치관을 설명하고 그에 따라 전통사회의 여성들의 삶이 곧 어머니 역할로 귀결됨을 인식시킨다. 2. 현대의 부부중심 가족에서는 부부관계가 가족관계의 핵심이며, 자녀와 부모는 동등한 인격체임을 강조한다.	
활동·실습 및 토론 (100분)	1. 과제로 제시했던 "나에게 있어서 자녀의 의미는?"에 대해 돌아가면서 발표하도록 한다. 2. 자녀와의 관계에 대해 회고의 시간을 갖는다. 1) 지금까지 자녀와의 관계를 그래프로 그려보기: 　어머니 역할이 가장 만족 또는 불만스러웠던 시기는? 그 이유는? 　현재 자녀와의 관계에서의 만족 정도는? 2) 나는 자녀에게 무엇을 주었는가? 3) 자녀들로부터의 최고의 보상은 무엇이라고 생각하는가? 지금까지 자녀들로부터 받은 보상은? 등에 대해 서로 이야기하도록 한다. 3. 자녀의 생활에 대한 개입정도 알아보기: 　자녀의 다양한 생활(경제생활, 학교생활, 이성친구를 포함한 친구관계, 진로문제, 배우자 선택 등)에 어느 정도 개입하는지를 이야기하도록 함으로써 자녀와의 분리 정도를 분석해 보도록 한다.	* 3단계 과제를 활동1로 확인, 피드백 주기 * work-book
종　결 (15분)	* 평가: 교육일지 작성 * 과제: 자녀와 어떨 때 세대차이를 느끼는지 세 가지 이상의 사례를 적어 오도록 한다.	* work-book

5) 5단계: 자녀와의 세대차이 수용 단계

(1) 강 의

인생주기에 따라 수행해야 하는 과업이 변화하여 성인자녀와 중년기의 어머니는 각기 다른 과업을 수행하게 됨을 도표로 요약하여 설명하였다. 성인자녀들의 주요과업은 부모로부터의 심리적 이유와 자율감의 성취이므로 이 시기의 부모들은 자녀와의 경계를 유지하고 새로운 역할 정립을 위해 적극적인 노력을 하여야 함을 강조하였다. 아울러 중년기의 주요한 발달과업으로 에릭슨의 생산성 개념을 설명하였다.

또한 개인뿐만 아니라 가족도 생활주기의 변화에 따라 발달과업이 변화하여 중년기 가족의 발달과업으로 자녀의 독립 수용, 부부관계의 재조직 등이 요구됨을 설명하였다.

한편 중년기 주부와 성인자녀는 출생동시집단의 차이에 따라 자라온 사회문화적 환경이 다르기 때문에 세대차이가 필연적으로 존재할 수밖에 없으므로 세대차이를 부정적으로 인식해서는 안 되며, 세대차이를 수용하기 위해서는 의사소통이 절대적으로 필요함을 설명하였다.

(2) 활동 및 반응

① 활동1: '자녀와 세대차이를 느낄 때'에 관해 토론하기

자녀와의 세대차이의 경험이 개인의 문제가 아니라 모든 부모가 겪는 보편적인 현상임을 이해시키기 위해, 지난 주 과제였던 자녀와 어떨 때 세대차이를 느끼는지를 돌아가면서 이야기하도록 하자, 모두들 적극적으로 토론에 동참하였다.

D씨: "요즘 애들은 자기주장이 뚜렷해……, 또 자기중심적이고……."
G씨: "뭘 좀 가르치려하면 '엄마시대는 엄마시대고……' 그러면서 들으려고 하지
도 않아요. 우리 세대는 어른 말씀이면 죽는 시늉도 했잖아요."

이 부분에 대해서는 모든 피교육자들이 공감하면서 자녀들이 성장할
수록 가정교육이 힘들어지는 점에 우려를 표시했다. 그러나 F씨는

F씨: "우리 기대가 너무 클 수도 있어요. 걔네들딴에는 한다고 하는 걸 거예요.
가르쳐야 할 것은 물론 가르쳐야 하지만 너무 우리 방식대로 강요하는
경우도 있잖아요."

이는 부모세대들이 자녀세대를 이해하려는 노력이 필요하다는 점을
지적한 것으로, 이번 단계의 핵심내용을 피교육자들 간의 토론을 통해
도출해 내었다는 점에서 매우 의미 있게 여겨졌다. 그 외에 음식문화
와 TV 프로, 특히 신세대의 복장 등에서 세대차이를 느끼고 있음을
이야기하다가 결국 G씨가

G씨: "우리 때 나팔바지, 맘보바지 같은 거지 뭐. 그 때 우리 부모님들도 우리
처럼 세대차이를 느꼈을 거야."

그러므로 앞선 세대로서 이해해 주어야 한다는데 모두들 동감하였다.
따라서 이 활동을 통해 피교육자들은 세대차이에 대한 부정적인 인
식을 해소하게 되었으며, 인생의 선배로서 자녀와의 세대차이를 수용
하려는 자세를 갖게 된 것으로 여겨졌다.

② 활동2: 자신과 자녀의 life line 그려보기

자녀와의 세대차이가 필연적일 수밖에 없으며, 피교육자와 자녀가
살아갈 시대가 다름을 이해시키기 위해 자신과 자녀의 life line을 비교

하면서 그려보도록 하였다. 특히 세대차이가 많이 느껴지는 자녀와 비교해서 그리기를 권하자, 대부분이 막내자녀보다는 갈등을 많이 겪는 자녀와 비교해서 그렸다.

그림을 그린 후 느낌을 이야기하도록 하자.

> C씨: "애랑 나랑 20년 넘게 차이가 난다는 걸 알았지만 이렇게 연도랑 사건이랑 비교해서 보니까, 왜 애들이랑 갈등을 겪는지를 확실히 알겠네요."
> E씨: "세대차이의 원인을 확실히 알았어요."

라는 의견에 모두들 공감하였다. 이 활동을 통해 피교육자들은 '세대차이'의 개념에 대해 확실히 깨닫게 되었으며 세대 간의 갈등의 원인이 바로 이 출생동시집단의 차이에서 비롯됨을 이해한 것으로 여겨졌다. 따라서 자녀에 대한 이해 증진을 위해서는 자녀와의 갈등의 원인을 체계적으로 규명해 주는 작업이 필요하며, 그 한 예로 이 활동이 매우 적절하다는 생각이 들었다.

③ 활동3: 자녀와의 경계선 그리기

중년의 어머니와 성인자녀 모두에게 발달과업으로 요구되는 심리적 이유와 분리-개별화의 정도를 알아보기 위해 자녀와의 경계선 그리기를 실시하였다. work-book의 예를 설명하면서 기호를 익히도록 한 후 자녀들과의 관계를 그려보도록 했다.

F씨만이 외아들과 갈등이 있음을 표시하였고, 나머지 피교육자들은 자녀들과 친밀하면서 분명한 경계를 유지하는 이상적인 답을 제시하였으나, 실제보다는 좋게 그리려 애쓰는 모습이 역력했다.

어머니세대와 자녀세대가 분리-개별화 정도에 대해 동일하게 인식하고 있는지를 알아보기 위해 E씨와 그의 딸인 보조자 A의 그림을 비교해 본 결과, 자녀는 어머니를 과잉 관여로 표시한 반면 어머니는 친밀로 표시하여, 세대 간에 인식 차가 존재함을 알 수 있었는데, 이에 대해 E씨는 너무 놀라는 표정을 지으며 "나는 제한테 심하게 간섭하거나 그러지 않아요. 그런데 그렇게 느낀다니 놀랍네요. 부모-자녀간이면서도 서로를 모른다는 얘기고 이게 바로 세대차이네요. 앞으론 알아서 하게 그냥 내버려 둬야겠네요."하며 섭섭함과 함께 자녀와의 세대차이를 실감하는 듯 했다. 다른 피교육자들이 "요새 애들은 자기 생활을 너무 중시하니까 더 그렇게 느낄 거예요." 하면서 위로를 보냈다.

또한 나머지 보조자 두 명도 어머니를 과잉 관여로 그린 것을 보고 모든 피교육자들이 세대차이를 절감한다고 했다. 그리하여 다른 피교육자들에게도 귀가하여 자녀에게 부모와의 경계선을 그려보도록 한 후, 자신이 그린 것과 비교해 보고 차이점이 있으면 원인이 무엇일지를 생각해 보도록 했다.

피교육자들이 객관적인 분석보다는 정답을 그리려 애썼기 때문에, 본 활동이 의도했던 자녀와의 분리-개별화 정도의 파악은 힘들었고, 그 대신 보조자들과의 비교를 통해 자녀와의 세대차이를 수용하는 효과를 거둘 수 있었다.

그리하여 성인자녀의 어머니는 자녀와 분명한 경계를 지키며 동시에 친밀감을 가지면서 자녀의 심리적 이유를 도와주어야 하며, 그것이 바로 자녀의 발달과업 성취를 도와주는 것임을 다시 한 번 강조하였다.

(3) 평 가

피교육자들이 '발달과업', '생산성'이란 생소한 단어에 대해 새롭게 알게 된 점을 공통적으로 지적하였다. 또한 자녀와 내가 다른 시기를 살아 왔고(D씨), 자녀가 부모의 소유가 아니며(E씨, F씨), 어머니의 욕구성취의 대상이 아니라 그 나름의 삶이 있는 존재임을 깨달았다고 했다(C씨). 대부분이 자녀와의 세대차이가 필연적임을 배웠으며, 세대차이를 줄이기 위한 노력으로 대화가 중요함을 지적하였다(A씨, C씨, E씨, H씨). 무조건적인 부모의 권위를 버리겠다는 다짐과(A) 자녀를 이해하고 수용하기 위해 노력하겠다는 다짐도 하였다(E씨).

그리하여 이 단계를 통해서 피교육자들은 인간발달과 가족관계에 대한 지식을 획득하였으며, 세대차이의 불가피성을 깨닫게 되어 자녀에 대한 이해가 증진되었으므로, 본 프로그램이 목표로 한 자녀와의 관계 향상의 기초를 확립한 것으로 여겨졌다.

〈표11〉 프로그램 5단계: 나와 자녀 - "함께 또는 따로"

단 계 명	제 5단계: 나와 자녀 - "함께 또는 따로"	
교육진행 절　　차	교　육　내　용	비　고 (준비물)
목　표 (5분)	1. 가족생활주기의 변화에 따른 어머니 발달과업의 변화를 이해한다. 2. 중년기 가족의 발달과업을 이해한다. 3. 성인자녀와의 세대차이를 수용하여 1 對 1의 인격적인 관계를 맺는다.	* 이름표, 녹음기, 필기도구, work-book
강　의 (25분)	1. 인생주기의 각 단계에 따른 발달과업의 변화를 설명한다. 2. 중년기 가족의 발달과업은 무엇인지를 살펴본다. 3. 성인자녀들의 발달과업 성취를 위해 중년기 주부가 수행해야 할 발달과업이 바로 자녀와의 심리적 離乳임을 설명한다. 자녀의 독립 시 경험하게 될 어머니 역할 변화에 대비하여 새로운 역할을 정립해야 하는 시기임을 강조한다. 4. 출생동시집단의 차이에 따른 세대차이를 설명한다.	* 어머니의 발달과업과 성인자녀의 발달과업 비교 차트
활동·실습 및 토론 (110분)	1. 과제로 내주었던 자녀와 어떨 때 세대차이를 느끼는지에 대해 발표하면서 그 이유가 무엇일지를 토론한다. 2. 자신과 자녀의 life line 그려보기: 자신과 막내자녀의 출생에서부터 지금까지를 연도별로 비교하여 그려본다. 이를 통해 출생동시집단의 차이에 따라 자신과 자녀가 경험하는 사회문화적 배경이 상이함을 인식하여 세대차이를 수용토록 한다. 3. 자신과 자녀들과의 경계선 그리기: Minuchn 등의 가족 하위체계들 간의 경계선 그리기를 통해 자녀와의 바람직한 관계 설정을 모색토록 한다.	* 4단계 과제를 활동1로 확인, 피드백 주기 * work-book의 life line의 예를 참고하기
종　결 (20분)	* 평가: 교육일지 작성 * 과제: 1. 의사소통(대화)이란 무엇인가에 대해 세 가지 이상의 문장을 기술해 오도록 한다. 2. 최근 성인자녀와 의사소통에서 어려움을 경험한 예를 두 가지 이상 적어 오도록 한다.	* work-book의 경계표시 기호와 예를 참고하기 * work-book

6) 6단계: 자녀와의 쌍방적 의사소통의 중요성 이해 단계

(1) 강 의

교육자가 먼저 의사소통의 의미를 강의하기보다는 참여자들이 스스로 그 의미를 이끌어내 의사소통의 중요성을 깊이 인식하도록 하기 위해 과제로 제시했던 의사소통이 무엇인지에 대해 자유롭게 이야기하도록 하였으나, 대화를 항상 하고는 있지만 의사소통이 무엇이라고 구체적으로 표현하기는 힘들다고 하면서 모두들 머뭇거렸다. 그래서 교육자가 모든 인간관계의 핵심은 의사소통이며, 대부분의 가족문제가 가족성원간의 대화부족에서 기인됨을 설명하였다. 언어적 의사소통뿐만 아니라 비언어적 의사소통의 중요성을 강의하였으며, 중년 이후의 부모세대는 감정표현을 절제하며 비언어적 의사소통 유형을 보이는 반면 자녀세대는 감정표현이 자유롭고 언어적 의사소통을 선호함을 비교·설명하였다.

자녀와의 효율적인 의사소통을 위한 조건인 적극적 경청과 감정이입, 자녀에 대한 신뢰와 수용 등을 다루면서 부모의 강제적이고 일방적인 명령이 자녀와의 의사소통에 장애가 됨도 설명하였다.

(2) 활동 및 반응

① 활동1: 일방적·쌍방적 의사소통 경험하기

의사소통의 진정한 의미와 중요성을 인식시키기 위해, 세 가지의 그림으로 일방적 의사소통 상황과 쌍방적 의사소통 상황을 각각 경험토록 하였다. 먼저 A씨가 송신자가 되어 그림1을 3분 동안 질문 없이 설명하자, 피교육자들끼리 "무슨 소리야"하고 답답해하면서 서로 물어보며 그림을 그렸으나, 세 명만이 완전하게 그림을 그렸고 나머지는 완성시키지 못하였다. 다음 그림2를 A씨가 다섯 번의 질문을 받으면서 설명을 하였는데 그림1보다 난이도가 높아 모두들 무척 어려워하였다. 3분이 다 지나가도 아무도 그림을 완성하지 못해 보조자 B가 다시 설명을 하였으나, 이번에도 완전하게 그린 사람은 두 명뿐이었다. 마지막으로 D씨가 그림3을 질문을 계속 받아가면서 참여자들과 마주보고 설명을 하였는데 이번에는 3분 안에 모두들 완전하게 그림을 그렸다.

활동에 대한 소감을 묻자 그림을 설명한 송신자 A씨는

> A씨: "얼굴을 쳐다보지 않고 설명하니까 너무 어려워요. 얼굴을 대하고 얘기한다는 것이 얼마나 중요한지 알았어요."
>
> D씨: "나는 얼굴을 보면서 설명하니 어려운 줄은 몰랐는데, 앉아서 앞에 그림들을 그릴 때는 답답해서 혼났어요, 질문도 마음대로 할 수 없고……."

라고 느낌을 이야기했다. 모두들 대화가 서로 마주보고 주고받는 과정에서 이루어지는 것이라는 점을 지적함으로써, 쌍방적 의사소통의 중요성을 깊이 인식하는 시간이었음을 알 수 있었다.

한편 피교육자들이 서로 송신자가 되어 설명하려 하였으며, 자신들이 그린 그림을 옆 사람과 비교하기도 하고 다시 그려보기도 하는 등 활동 자체에 대해서도 매우 흥미를 보여 중년주부들을 위해서는 강의 위주의 교육방법보다 활동위주의 교육내용을 보다 많이 개발해내야 할 필요성을 느꼈다.

② 활동2: 자녀와의 의사소통에서의 어려움 이야기하기

자녀와의 의사소통 전반에 대한 분석을 통해 의사소통의 문제점을 발견함으로써 자녀와 벽이 없는 대화를 위한 방안을 모색하도록 했다. 먼저 자녀와의 대화정도와 대화방식, 대화내용 등에 대해 이야기하도록 했다.

F씨: "난 아들하고 대화가 안돼요. 그러니 서로 일방적으로 할 얘기만 하고 말아요."
B씨: "요즘 방학이라 큰애가 집에 있는데도 거의 대화를 안 해요…… 또 얘기를 해도 내 말은 무조건 묵살이고, 부탁을 해도 들어주지도 않고……."
H씨: "애들하고 대화할 시간이 없어요……, 얘기하고 싶어도 TV도 다 지들 방에서 보고……, 하루에 30분 정도나 얘기하나……."
G씨: "다른 부분은 얘기가 잘 통하는데 '여자관계'에선 얘기가 안돼요."

이렇듯 피교육자 모두가 자녀와 대화시간이 부족함을 느끼며 대화방식과 내용에도 불만을 갖고 있음을 토로했다. 또한 피교육자들은 대화를 원하나 자녀들이 대화를 기피한다고 느끼고 있어, 그 원인에 대해 생각해 보도록 하자, B씨와 F씨가 "강의 중에 느낀 건데 제가 지금껏 명령조로 이야기했다는 걸 알았어요."라고 스스로에게 문제가 있었음을 밝혀냈다.

한편 G씨는 "남편에게 얘기하지 못하는 부분은 큰애랑 얘기해요, 그럼 충고도 듣게 되고 도움도 얻을 수 있어요……."라고 하여 자녀와의 대화가 부정적인 것만은 아님을 밝혔다. 피교육자들이 자녀에게 모든 것을 이야기할 수 있는지에 대해서는, 자녀의 성별보다는 성격에 따라 차이를 보이게 되어 다정하고 이야기를 받아주는 자녀에게는 웬만한 이야기는 모두 한다고 하였다.

또한 피교육자들은 자녀의 이성친구에 대해 가장 궁금한데 자녀들이 될 수 있으면 이야기를 하지 않으려 한다는 점에 모두 공감하였다. 피교육자 중 C씨와 D씨가 자녀세대인 보조자들에게 그 원인을 물었다.

A씨: "그냥 친구일 뿐인데 엄마가 그걸 받아들이시지 않고 자꾸 이것저것 물어보니까 얘기를 안 하게 돼요……, 또 감정적인 건 엄마한테 얘기해도 도움이 안 되니 얘기 안 해요."
G씨: "그러니 자녀들이 스스로 말할 분위기를 만들어 줘야 돼요. 우리 집은 남편이 항상 애들 의견을 무시하니까 애들이 아버지한테는 얘기를 안 해

요. 그래서 나는 애들 얘기 다 들어주고 내 의견을 솔직히 얘기해요. 그러니까 애들도 내 의견을 이해하고 반영하더라고요. 충분히 듣고, 받아들일 건 받아들이고 '엄마는 이렇게 해주면 좋겠다.'하니까 신뢰가 쌓이고 문제해결이 잘 되더라고요."

모두들 '분위기를 만들어줘야 한다.'는 의견에 공감했으며,

D씨: "내 주장을 먼저 하지 말고 애들 얘기를 먼저 들어 줘야겠네요."
E씨: "감정을 절제하는 것도 필요할 것 같아요."

라고 하여 자녀와의 대화를 개선하기 위한 적극적인 개선 의지를 보여 주었다.

그리하여 교육자가 이들의 의견이 오늘 교육의 핵심임을 강조하고 특히 G씨에게 연장자로서 훌륭한 체험을 한 것에 대해 긍정적인 피드백을 하였다. 따라서 이 활동을 통해 피교육자들 모두가 성인자녀와 벽이 없는 대화를 하기 위해서는 먼저 어머니의 개방적이고 수용적인 태도가 필요함을 인식한 것으로 여겨졌다.

(3) 평 가

교육일지 작성에서 대부분이 대화의 중요함을 깨달았으며, 자녀와 격의 없는 대화를 하기 위해서는 경청의 자세가 필요하며(A씨, D씨, F씨, G씨, H씨) 자녀의 입장에서 생각할 수 있는 마음자세를 가질 것과(A씨, C씨), 자녀와 대화 시 즉각적인 반응보다 깊이 생각한 후 이야기를 해야겠다고 다짐하였다(F씨). 또한 내가 소중한 만큼 자녀의 인격도 소중함을 받아들여 자녀의 의견을 존중하고(G씨), 동등한 관계를 맺도록 노력할 것이며(C씨), 나아가 남편과의 대화에서도 적극적인 경청의 자세를 갖겠다는 각오를 보여(A씨, F씨) 의외의 교육적 효과

를 함께 거둘 수 있었다.

그리하여 이 단계가 피교육자들에게 지금까지의 자녀와의 의사소통 양식에 대한 반성과 함께 보다 발전적인 방향으로의 다짐의 시간이 되었음을 확신할 수 있었다. 또한 인간관계의 핵심조건이지만 의식하지 못하고 지나기 쉬운 의사소통의 중요성에 대한 교육은 모든 성인교육에서 기본적으로 다루어야 할 교육내용으로 여겨졌다.

〈표12〉 프로그램 6단계: 나와 자녀 - "벽이 없는 우리"

단 계 명	제 6단계: 나와 자녀 - "벽이 없는 우리"	
교육진행 절 차	교 육 내 용	비 고 (준비물)
목 표 (5분)	1. 쌍방적 의사소통의 중요성을 이해한다. 2. 성인자녀와의 평등한 의사소통을 위한 자질과 태도를 익혀 자녀와 벽이 없는 밀접한 유대관계를 형성한다.	* 이름표, 녹음기, work-book, 필기도구 * 5단계 과제1을 활동을 통해 확인, 피드백 주기 * 5단계 자녀와의 세대차이 수용을 다시 한 번 인식 시킨다.
강 의 (30분)	1. 모든 인간관계에서 의사소통이 갖는 의미와 중요성을 인식시킨다. 강의 시작과 함께 지난주의 과제였던 의사소통에 대한 피교육자들의 생각을 돌아가면서 발표토록 해서, 의사소통의 의미와 중요성을 유도해 낸다. 2. 자녀와의 의사소통 시 장애요인들(세대차이에 따른 관심영역, 의사소통 방식 등에서의 차이)에 대해 설명하고, 부모와의 대화에서 자녀들이 느끼는 어려움을 인식시켜 준다. 3. 자녀와의 효율적인 의사소통을 위한 조건들(대등한 관계에서의 개방성, 감정이입, 긍정적 인정하기 등)과 함께 적극적 경청, 나-메시지 보내기의 중요성을 강조한다.	
활동·실습 및 토론 (100분)	1. 일방적·쌍방적 의사소통 경험하기: 세 가지 유형의 그림을 1) 송신자가 집단성원과 얼굴이 보이지 않는 상태에서 그림1을 질문을 받지 않고 3분 동안 설명을 한 후 그리도록 한다. 2) 다른 송신자가 나와 1)과 같이 집단성원과 얼굴을 대하지 않고 그림2에 대해 3분 동안 설명하는데, 5번의 질문을 허용하면서 그림을 그리도록 한다. 3) 송신자와 집단성원간에 얼굴을 마주 대하고 그림3을 3분 동안 설명하는데, 그림을 직접 보여주는 것만을 제외하고는 모든 상호작용이 가능한 상태에서 그림을 그리도록 한다. 이 과정에서 각자가 느낀 어려움을 이야기하도록 한다. 2. 성인자녀와 의사소통 시 겪게 되는 어려움에 대해 이야기하기: 자녀와의 대화정도·방식·내용 등에 어느 정도 만족하며, 자녀와 벽이 없는 대화를 위해 어머니로서 지녀야 할 자세를 이야기하도록 한다.	* 송신자가 집단 성원에게 설명 할 세 가지 그 림의 인쇄물 * 5단계 과제2를 활 동2로 확인한 후 피드백 주기 * work-book
종 결 (20분)	* 평가: 교육일지 작성 자녀와의 의사소통에 있어서, 자신에게서 변화시키고 싶은 생각이나 태도 * 과제: 최근에 해결된 또는 현재 겪고 있는 자녀와의 갈등을 구체적으로 기술해 오도록 한다(무슨 문제로 어떻게 갈등을 겪고 있으며, 어떻게 해결해 나가고 있는가?).	

7) 7단계: 자녀와의 갈등의 건설적인 해결 단계

(1) 강 의

의사소통과 갈등은 밀접한 관계가 있으므로 지난 시간의 의사소통의 중요성을 다시 한 번 검토하면서 오늘의 교육목표를 제시한 후 강의를 시작하였다. 모든 인간관계에서 갈등이 필연적인 것처럼 20년 이상의 나이 차이가 있는 자녀와의 관계에서도 세대차이에 의해 갈등은 존재할 수밖에 없으나, 중요한 점은 갈등을 건설적으로 해결하는 것임을 강조했다. 건설적인 갈등해결 방법으로, 부모와 자녀가 서로 상대의 입장이 되어 다양한 해결책을 강구하고 그 중에서 서로 만족할 수 있는 최선의 해결책을 모색하는 양승적 갈등해결 과정을 설명했다.

또한 회피, 지배와 복종, 협박, 타협 등의 갈등해결 유형 중 갈등해결의 기본조건인 의사소통에 의해 의견일치를 이루어 가는 '타협'이 가장 바람직한 갈등해결 유형임을 강조하였다.

(2) 활동 및 반응

① 활동1: 성인자녀와의 갈등상황 분석하기

자녀와의 갈등해결 유형을 분석해 봄으로써 피교육자가 스스로의 문제점을 발견하고 보다 바람직한 방향을 모색하도록 하기 위해, 피교육자들이 지금까지 자녀와의 갈등을 어떻게 해결해 왔는지에 대해 발표하도록 했다. 대부분의 피교육자들이 자녀가 어렸을 때는 부모의 의견에 자녀들이 복종했지만 자녀가 성장한 지금은 갈등이 생기면 시간이 흐르기를 기다리면서 갈등상황을 회피하게 된다고 했다. 교육자가 시간이 흐르면 문제가 해결되는지를 묻자 C씨: "큰딸의 진로문제로 갈등을 많이 겪었어요. 그 때마다 시간을 두고 생각해보자고 하고 계속 미뤘지요. 결국 지금은 부모 욕심대로 취직했는데, 강의 중에 ‘타협’얘기를 들으니 애 입장을 전혀 생각해 주지 않은 것 같아 미안해요.” 하면서 자녀의 입장을 이해해 주지 못했던 점을 후회했다. 다른 피교육자들도 자녀가 성장하니까 타협하기가 힘들어지면서 지배와 복종, 회피 유형이 증가하게 된다고 했다. 그리하여 교육자가 ‘타협’을 위해서는 상대의 입장에 서보는 ‘신발 거꾸로 신어보기’가 필요하며, 이를 반영한 것이 강의 중에 설명했던 양승적 갈등해결법임을 다시 한 번 강조하면서 활동2에서 다루어질 것임을 예고했다.

한편 피교육자들 대부분이 자녀와 대화가 안 되어 갈등을 겪게 됨을 돌아가면서 이야기하다가, 결국 갈등해결을 위해서는 대화가 중요하며, 자신들의 명령조의 대화방식을 고치고 자녀를 이해하려는 자세를 가져야겠다는 이 단계의 교육목적을 이끌어냈다. 동시에 자녀들도 부모에 대해 마음을 열어놓는 개방적인 자세가 필요함을 주장하여, 교육자가 인간관계는 상대적인 것이므로 부모가 먼저 마음을 열고 변화를 시도하면 자녀들도 변화를 보일 것이라고 하여 변화를 위한 동기를 자극했다.

한편 피교육자들에게 최근에 자녀와 겪고 있는 갈등에 대해 이야기하도록 하자 결혼문제와 직업선택 문제를 주로 이야기하였다. C씨: “혼인에 대한 가치관이 딸애랑 나랑 너무 틀려요, 걔는 완벽하게 갖추고 시작하려 하고 나는 하나하나 이루는 것을 당연하다고 생각해요……, 하물며 집이 암사동이라 시집을 못 간다고 하면서 강남으로 이사를 가야 한대요.” 그러자 모든 피교육자들이 자녀세대가 너무 현실적이고 물질주의적이며 편한 것만 찾으므로, 부모로서 가르쳐야 할 것은 확실하게 가르쳐야 한다고 하여, 부모로서 올바른 길을 인도해야 하는 안내자의 역할에 대한 사명감을 나타냈다. 그리하여 교육자가 그런 선의의 목적도 일방적으로 강요될 때는 자녀에게 부모가 권위자로 느껴지고 결국 갈등이 발생하게 되므로 자녀가 이해할 수 있는 차원에서 대화로 해결해야 함을 다시 한 번 강조하였다.

자녀와의 갈등의 주 내용은 자녀의 직업선택 문제였다. F씨: "아들애가 부모 의견은 아랑곳도 하지 않고 자기 좋은 거 하면서 살겠다고 해요. 말하자면 '딴따라'를 하겠다는 건데 부모 입장에선 말이 안 되지요." E씨: "우리 아들도 영화에 관련된 직업을 갖기를 원해요, 부모 입장에선 받아들이기 힘들잖아요." 다른 피교육자들도 모두 직업에 있어서 사회적 이목이 중요하다는 점에 공감을 표했다. 그리하여 교육자가 자녀세대인 보조자들에게 의견을 묻자 그들은 모두 일을 통한 자신의 만족 여부가 중요하지 사회적 이목은 중요하지 않다고 하였다. 그러자 피교육자들 모두가, 우리 사회에서는 명예와 체면이 중시되므로 사회적으로 대접을 받을 수 있는 직업을 선택해야만 한다는 당위성을 돌아가면서 강력하게 주장하였다. 보조자 B: "그런 모두가 부모 욕심이지요, 그것 때문에 자녀들이 원하지 않는 일을 하면서 불행해지면요?" 이 물음에 모두들 당황스런 표정을 지었다. 그러나 자신들의 전통적인 가치관을 자녀들에게 강요함으로써 갈등이 발생한다는 점은 인식하지 못하는 것 같았다.

따라서 갈등해결 방식의 습득보다는 피교육자가 자녀와 자신의 차이를 인정하는 것이 급선무라는 생각이 들어 교육자가 5단계의 활동2인 피교육자와 자녀의 life line 그려보기를 다시 한 번 상기시키면서, 자녀들은 직업의 귀천이 중요했던 부모세대와는 다른 사회에서 살게 될 것임을 설명하였다. 아울러 자녀의 인생은 자녀들의 것이므로, 부모가 성인자녀들의 선택에 조언자일 수는 있지만 자신들의 의견을 강요하는 강요자여서는 안됨을 강조하면서, 어머니들의 자녀에 대한 지나친 욕심 때문에 교육문제와 사회문제 등이 야기됨도 설명했다. 그러자 E씨가 "아들이 원하는 일을 갖는 것이 걔한테는 좋겠죠. 내 욕심이 채워지지 않아서 그렇지."라면서 사고의 변화조짐을 보였다.

그리하여 중년기 주부들의 의식전환을 위해서는 교육프로그램들이 장기적인 관점에서 지속적으로 실시되어야 할 필요가 있음을 알 수 있었다.

② 활동2: 양승적 갈등해결법 실습

자녀와의 갈등상황을 객관적으로 분석해 보고 자녀의 입장이 되어 봄으로써 피교육자와 성인자녀 모두가 만족하는 갈등해결책을 모색해 보는 과정의 실습을 통해 '타협'이 생활화되는데 이바지하고자 활동을 실시했다.

앞의 활동1을 통해 자녀의 욕구 이해, 상대입장 되어보기, 부모로서 변화해야 할 점 등을 거의 다루었으므로, 자녀와의 갈등해결과정을 체계적으로 다시 한 번 정리하면서, 갈등해결과 갈등을 미연에 방지하는데 있어서 대화의 중요성을 되새기는 시간으로 활동을 간략하게 끝마쳤다.

(3) 평 가

참여자 모두가 자녀와의 갈등해결 시 대화가 무엇보다도 중요함을 깨달았다고 했으며, 자녀의 입장에서 이해하려는 자세를 가져야겠다는 다짐과(A씨, C씨, D씨, E씨), 자녀에 대한 지나친 기대가 갈등을 가져오므로 기대를 낮추도록 노력하겠으며(F씨), 내 자신이 자녀에게 너그럽지 못했던 점을 깨닫게 되었다고 했다(H씨). 또한 자녀 때문에 화가 날 때는 자녀들이 나를 기쁘게 해줬던 일을 떠올리면서 기분을 풀고 너그러운 마음으로 대해야겠다는 각오도 하였다(G씨). 또한 갈등 그 자체는 부정적인 것이 아니며 긍정적인 해결방법이 중요하다는 점을 배웠음을 지적했다(A씨, F씨).

따라서 이번 단계를 통해서는 6단계에 이어 의사소통의 중요성을 재확인하고 자녀 입장이 되어보려는 의지를 보임으로써, 자녀와의 갈등을 미연에 방지하는데 도움이 될 것을 확신할 수 있었다. 또한 현재 겪고 있는 자녀와의 갈등도 타협을 통해 건설적으로 해결해 나가려는 자세를 보여 주어, 이번 단계의 목표도 성공적으로 달성된 것으로 여겨졌다.

<표13> 프로그램 7단계: 나와 자녀 - "동등한 나와 너"

단 계 명	제 7단계: 나와 자녀 - "동등한 나와 너"	
교육진행 절 차	교 육 내 용	비 고 (준비물)
목 표 (5분)	1. 성인자녀와의 갈등을 성숙한 관계맺기를 위한 기회로 인식한다. 2. 자녀와의 갈등을 건설적인 방식으로 해결한다.	* 이름표, 녹음기, work-book, 필기도구
강 의 (25분)	1. 인간관계에서의 갈등의 불가피성을 설명한다. 이와 함께 5단계에서의 자녀와의 세대차이가 필연적이었음을 다시 한 번 상기시킨다. 2. 갈등해결 유형(회피, 지배와 복종, 협박, 타협)중 타협이 가장 바람직한 유형임을 설명한다. 3. 효율적인 갈등해결과정: 양승적 갈등해결과정 　1) 갈등상황에서의 대립욕구 정의 　2) 다양한 해결책들의 모색 3) 해결책들의 평가 　4) 쌍방의 합의에 의한 최적의 해결책 결정 　5) 실행 6) 평가	* 갈등해결과정의 단계 차트
활동·실습 및 토론 (110분)	1. 성인자녀와의 갈등상황 분석하기: 　지난 주 과제를 중심으로 지금까지 자녀와의 갈등상황에서 어떤 갈등해결 유형을 사용해 왔는지를 구체적으로 분석해 본다. 2. 양승적 갈등해결법 실습: 　현재 겪고 있는 자녀와의 갈등을 강의 3의 양승적 갈등해결과정을 통해 쌍방이 만족하는 해결책을 모색해보도록 하여 자녀와 인격적이고 친밀한 관계를 맺을 수 있는 기회로 삼는다. 이와 함께 갈등해결과정에서 상대입장 되어보기의 중요성을 인식시킨다.	* 6단계 과제를 활동1로 확인한 후, 피드백 주기 * work-book
종 결 (15분)	* 평가: 교육일지 작성 　자녀와의 갈등상황에서 지금까지의 해결유형에 대한 반성과 앞으로의 각오나 다짐 * 과제: 1. 활동2에서 다루었던 자녀와의 갈등을, 자녀와 함께 양승적 갈등해결의 단계를 통해 최선의 해결책을 찾아, 자신이 내렸던 결정과 자녀와 함께 내린 결정을 비교해 보고 더 나은 해결책을 선택해 실천하도록 한다. 2. "나는 왜 결혼을 하였는가?"(나의 결혼동기), 그리고 결혼생활을 통해 자녀에게 자랑스러운 점과 부끄러운 점을 적어 오도록 한다.	* work-book

8) 8단계: 자녀의 행복한 결혼을 위한 어머니로서의 책임 이해 단계

(1) 강   의

프로그램의 마지막 종결 단계로 자녀의 결혼에 대한 마음의 준비와 함께 자녀의 행복한 결혼을 도와 줄 어머니로서의 책임을 인식시키는 데 목적을 두고 강의를 시작하였다.

현대사회는 과거와 달리 결혼 당사자들의 욕구충족과 행복추구에 결혼의 목적이 있으며 따라서 이성교제가 배우자 선택을 위한 필수과정으로서 이성에 대한 적응의 기능, 인격도야의 기능 등의 다양한 기능을 지님으로 부모로서 성인자녀들에게 이를 적극 권장해야 하며 올바르게 안내할 책임이 있음을 설명하였다.

또한 결혼이 두 사람의 결합일 뿐 아니라 사회를 유지하는 중요한 수단이며, 결혼에 의해 형성되는 가족의 다양한 기능들이 제대로 수행될 때 가족의 안정과 사회의 안정이 이루어짐을 강조함으로써 결혼이 갖는 중요한 의미를 인식시켰으며, 아울러 결혼의 핵심조건은 사랑이어야 함을 설명하였다. 아울러 지금까지의 부부관계 그 자체가 중요한 역할모델로서 자녀들의 이성관과 결혼관에 가장 큰 영향력을 미치게 되는 점을 설명하면서 부모역할의 중요성을 강조하였다.

(2) 활동 및 반응

① 활동1: 자녀의 이성교제에 대한 견해 밝히기

진수기의 어머니로서 곧 경험하게 될 자녀의 결혼에 대한 마음의 준비를 위해, 현대사회에서 성인자녀들이 결혼의 前 단계로서 자연스럽게 경험하게 되는 이성교제에 대해 견해를 밝히도록 했다. 대부분의 피교육자들이 과거에는 중매혼을 선호했지만 이제는 연애혼도 받아들이게 됐으며 그에 따라 이성교제도 수용하게 됐다고 했다. 또한 피교육자들의 대부분이 이성교제가 상대의 성격 파악과 자녀에게 맞는 사람을 선택할 수 있다는 긍정적인 면을 갖고 있다는 점은 이해할 수 있지만, 혼전 성문제 등이 걱정임을 이야기했다.

> E씨: "데이트가 필요하다는 생각은 드는데, 딸애가 늦게 들어오게 되면 걱정이 되요."
> D씨: "아들하고 딸하고는 차이가 있어요, 딸은 여자니까 신경이 더 쓰여요."
> F씨: "아들도 혼전에 그런 일이 있으면 안 되는 건 마찬가지야."

그리하여 C씨가 아들, 딸 모두에게 성교육이 필요함을 지적하자 모두들 공감을 표시했다.

한편 교육자가 피교육자들의 이성교제에 대한 긍정적인 반응이 곧 자녀의 배우자 선택권에 대한 인정인지를 묻자, 모두들 자녀의 의견이 우선이지만 부모 된 도리로 궁합을 봐야 한다고 했다. 즉, 피교육자 모두는 자녀의 미래가 순탄할 것을 바라는 부모의 마음이 곧 궁합을 보는 것으로 표출되는 것임을 주장하였다. 그리하여 교육자가 궁합이 지니는 문제점과 함께, 자녀의 미래를 위해 부모가 해야 할 일은 궁합을 봐주는 것이 아니라, 행복하고 성실하게 결혼생활을 유지하는 것임을 설명했다. 즉, 부모의 결혼생활 그 자체가 산교육이 되어 자녀의 미래를 결정하는데 가장 중요한 영향을 미침을 강조했다. 이어서 보조자들이 자신들도 부모의 결혼생활을 통해 이성관과 결혼관에 아주 많은 영향을 받게 된다는 점을 이야기하자

> C씨: "우리 땐 당사자의 의견이 없었던 시대지만, 요즘 애들은 그게 아니니 부모 욕심대로 할 수는 없죠."
> E씨: "전적으로 궁합에만 의존한다는 건 아니에요."
> A씨: "시대가 변했으니 우리도 변해야 하겠죠, 또 애들의 인생이니 애들이 선택하는 게 맞는 이치겠죠."

라고 하여 변화의 조짐을 보였으며, 대부분의 피교육자들이 시대 변화를 수용할 수밖에 없음을 인정하는 듯 했다. 또한 자녀에게 미치는 부모의 영향력에 대해서는 대부분의 피교육자들이 가정교육의 중요성을 언급하면서 부모의 막중한 역할에 대해 책임감을 느낀다고 하였다.

이 활동을 통해서, 피교육자들은 자녀의 결혼은 부모가 아닌 자녀가 주체이며, 부모가 자녀에게 평생을 통해 가장 중요한 영향을 미침을 깨우치게 된 것으로 여겨진다. 또한 피교육자들의 궁합에 대한 맹신을 불식시키는 계기도 되었다.

② 활동2: 결혼의 진정한 의미에 대해 생각해 보기

피교육자들의 결혼동기 분석을 통해 자녀세대의 결혼동기를 수용하는 계기를 마련하고자 활동을 실시했다. 자신의 결혼동기와 함께 결혼생활을 통해 자녀에게 자랑스러운 점과 부끄러운 점을 이야기하도록 했다.

대부분의 피교육자들이 자신이 아닌 부모의 선택에 의해 아무 생각 없이 결혼을 했으며, 경제적 어려움과 시부모 부양의 어려움 등으로 부부간에 사랑을 느낄 여지가 없었지만 열심히 알뜰하게 살아온 점은 자녀들에게 자랑할 수 있다고 했다. 교육자가 자신이 주체가 되지 못한 결혼과 사랑이 없는 결혼생활이 행복했는지를 묻자, 대부분이 "우리 시대는 그렇게 사는 줄만 알았어요. 결혼초기에는 '이런 게 결혼이면 차라리 안하는 게 낫겠다.' 하는 생각을 많이 했었지만 그저 참고 살았어요." 라고 하였다. A씨와 E씨는 지금 다시 결혼한다면 이성교제를 통해 스스로 배우자를 선택하겠다고 하면서, 그 이유로 지금의 삶이 불행해서가 아니라 이 교육을 통해 자신의 삶이 주체적인 삶이 아니었음을 깨달았기 때문이라고 했다. 그러면서 자녀들에게 주체적인 삶의 기회를 줄 것이라고 당당하게 이야기하였다.

한편 다른 피교육자들도 자신들의 결혼생활에서 부족했거나 문제가 있었던 부분을 자녀들만은 경험하지 않기를 바라면서

G씨: "성격이 안 맞아서 많이 싸웠어요. 애들한테 그게 미안해요. 그러니 애들에게 성격이 맞는 사람을 찾으라고 하게 돼요. 결국 애들이 상대를 찾아야겠지요."

그리하여 배우자 선택권이 부모가 아닌 결혼 당사자인 자녀에게 있음을 지적했다. 또한 모두들 자신들이 지금까지 불행하게 살아온 것은 아니지만, 다음 세대는 자신들처럼 자녀에게 희생하지 말고 부부간의 사랑을 중심으로 살 것을 희망했다. 이로써 피교육자들도 결혼생활에서 부부간의 사랑이 핵심조건임을 인식하고 있음을 알 수 있었다.

그리하여 이 활동이 피교육자들에게 삶에 대한 주체적인 자세가 자신과 자녀에게 모두 필요하며, 사랑이 결혼생활의 핵심요소임을 인식시킴으로써, 피교육자들이 자녀의 자율성을 촉진시키고 자녀의 결혼 시 당사자인 자녀의 선택을 인정하는데 기여할 것으로 여겨졌다.

(3) 평 가

여덟 단계를 모두 마치면서 그 동안에 한 번의 결석도 없었고, 과제도 열심히 해준 것에 감사의 인사를 하면서, 교육일지 작성에 들어갔다.

결혼을 통해 만들어지는 가족이 개인과 사회에 매우 중요하다는 점을 배웠고(B씨, F씨), 피교육자 모두가 자녀들의 이성교제를 긍정적으로 이해하게 됐음을 기록했다. 또한 자녀에게 미치는 부모의 영향력과 가정교육이 얼마나 중요한지를 깨달아 앞으로라도 좋은 모델이 되도록 노력하겠으며(A씨, E씨), 자녀의 혼인에서 주체자는 자녀임을 깨달아 부모의 의견을 강요하지 않겠다는 다짐과(C씨, D씨, H씨) 함께 자녀와의 대화의 중요성을 다시 한 번 지적하기도 했다(F씨).

이로써 이번 단계를 통해 피교육자들은 자녀들의 올바른 이성교제와 건전한 이성관과 결혼관 구축에 있어 부모로서의 막중한 책임감을 인식하게 되었고, 궁합에 대한 맹신을 불식시켜 보다 합리적인 사고를 지향하게 된 것으로 여겨진다. 또한 자녀의 배우자 선택 시 자녀의 선택을 존중하겠다는 다짐을 통해 자녀를 인격체로서 수용하게 되었으며 자녀에 대한 신뢰가 형성된 시간이었음을 알 수 있었다.

교육적 효과를 평가하기 위한 사후검사를 실시한 후 서로에게 감사의 인사를 나누고 종합평가를 위한 개별면접 시간을 약속한 후 최종 마무리를 하였다.

〈표14〉 프로그램 8단계: "너의 행복한 미래를 위하여"

단 계 명	제 8단계: "너의 행복한 미래를 위하여"	
교육진행 절 차	교 육 내 용	비 고 (준비물)
목 표 (5분)	1. 현대사회에서 이성교제의 필요성과 중요성을 이해하며, 자녀의 건전한 이성교제를 위해 어머니로서 해야 할 역할을 인식한다. 2. 어머니로서 결혼을 앞둔 자녀에게 결혼의 진정한 의미를 인식시킬 책임감을 갖는다. 3. 자녀의 이성관, 결혼관에 미치는 부부관계의 중요성을 인식한다.	* 이름표, 녹음기 필기도구, work-book
강 의 (30분)	1. 결혼의 동기 변화: 과거의 家를 위한 결혼 즉 제도우선적인 결혼에서 개인의 자아실현과, 행복추구로 현대의 결혼동기는 변화하고 있으며, 특히 신세대들은 결혼을 필수가 아니라 선택으로 생각하기도 함을 설명한다. 2. 어머니로서 자녀의 결혼을 위해 해야 할 과업이 무엇인지를 생각해 보도록 하면서 3. 결혼생활 전 과정을 통한 부부관계가 자녀들의 이성관, 결혼관에 가장 중요한 영향을 미침을 인식시킨다.	
활동 · 실습 및 토론 (95분)	1. 자녀의 이성교제에 대한 견해 밝히기: 이성교제의 긍정적 · 부정적 측면, 자녀들이 지녀야 할 이성교제에 대한 올바른 가치관과 행동규범, 자녀들이 지녀야 할 건전한 성의식 등에 대한 토론을 통해, 자녀의 건전한 이성교제를 위한 어머니로서의 책임감을 인식시킨다. 2. 결혼의 진정한 의미에 대해 생각해 보기: 7단계의 과제(2)의 자신의 결혼 동기에 대해 돌아가면서 발표하도록 하고 그것이 올바른 판단이었는지를 토론한다. 이 과정에서 결혼의 주체는 당사자이며, 결혼의 진정한 요소가 사랑임을 도출해낸다. 아울러 자신의 부부관계에서 자녀에게 자랑스러운 점과 부끄러운 점을 발표하면서, 자녀의 결혼생활에 바라고 싶은 점과 조언 등을 함께 이야기하도록 한다.	* 7단계 과제를 활동2로 확인 한 후, 피드백 주기
종 결 (40분)	* 평가: 교육일지 작성 부부관계의 발전을 위해 자신에게서 변화시키고 싶은 생각이나 태도 * 사후검사 및 프로그램 전반에 대한 평가를 위한 개인면접 시간을 약속한다. * 집단성원 모두가 서로에게 감사의 인사를 나누도록 한다.	* work-book * 사후질문지

4. 프로그램의 평가

1) 개인별 면접에 의한 프로그램 효과분석

여덟 단계가 모두 끝난 일주일 후, 금요일과 토요일 이틀에 걸쳐서 프로그램의 전반적인 효과를 분석하기 위해 개인별 면접을 실시하였다. 대부분 1시간 정도가 소요되었으며 긴 경우는 1시간 30분까지 걸리기도 했다. 프로그램 참석을 통해 전반적으로 느꼈던 점, 개인적으로 스스로에 대해 새롭게 깨닫게 된 점과 미래를 위한 각오, 자녀와의 관계에서 새롭게 배운 점이나 관계향상을 위한 다짐들에 대해 중점적으로 질문하였다. 또한 마지막 8단계에서 자녀들의 이성관과 결혼관에 미치는 부모의 결혼생활의 중요성에 대한 이해를 통해 지금까지의 부부관계에 대한 평가와 함께 새로운 각오 등에 대해서도 질문하였다.

그리하여 이 네 영역을 중심으로 참여자들의 면접내용을 분석하였으며, 프로그램 전반에 대한 그들의 제언도 함께 분석하였다.

(1) 프로그램 참여에 대한 전반적인 느낌

프로그램 전 과정 중 가장 인상 깊었던 단계 또는 활동과, 프로그램 참석을 통해 전반적으로 느꼈던 점, 같은 발달단계에 속하는 동료집단 속에서 느낀 점 등을 분석해 보면 다음과 같다.

① 가장 인상 깊었던 단계 또는 활동

프로그램 참여자들이 가장 인상 깊었던 활동으로 지적한 것은 두 가지 활동으로 집약되었다. 먼저 6단계의 쌍방적 의사소통의 중요성 이해 단계에서 활동1의 일방적·쌍방적 의사소통 경험하기를 통해, 참여

134

자들은 진정한 의사소통이 무엇인지와 의사소통의 중요성을 인식하는 계기가 되었다. 이를 바탕으로 과거의 억압적이고 명령적이었던 의사소통 방식에 대한 반성과 함께 앞으로는 자녀뿐만 아니라 남편과의 관계에서도 쌍방적 의사소통을 위해 노력할 것을 다짐하였다.

> A씨: "가장 인상깊었던 부분은 의사소통 단계에서 내가 그림을 설명할 때였어요……, 서로 얼굴보고 얘기한다는 것이 얼마나 중요한지를 알았고, 진정한 대화가 어떤 것인지에 대해서도 깨달았어요……."
> F씨: "다른 사람이 설명하는 것을 듣고 그림 그리는 거 할 때가 가장 인상깊게 남아요. 그 때 대화의 과정이 이런 거구나, 그리고 대화가 얼마나 중요한지를 느꼈어요……, 지금까지 애하고 남편한테 내가 했던 말투에 대해 반성하게 됐고, 앞으로는 경청하는 자세를 가져야겠다는 생각을 했어요."

한편 참여자들은 5단계의 자녀와의 세대차이 수용 단계에서의 활동2인 자신과 자녀의 life line 그려보기를 인상 깊은 활동으로 평가했다. 이 활동을 통해 참여자들은 자신과 성인자녀는 출생동시집단의 차이에 따라 서로 다른 사회문화적 환경을 경험하게 됨을 이해함으로써 세대차이의 원인을 체계적으로 알 수 있었다. 그리하여 지금까지의 자녀와의 갈등을 이해할 수 있었으며, 자녀의 입장을 이해하려는 자세를 보임으로써 앞으로 자녀와의 갈등을 미연에 방지할 수 있는 계기가 되었다.

> G씨: "애들하고 나하고 살아온 연도가 다른 그림을 그리면서 '20년 이상 차이가 나니 갈등이 있을 수밖에 없구나.'를 느꼈고 안도가 되더라고요……."
> H씨: "애하고 나하고 연도 비교하면서 그림 그릴 때.., 지금까지 애들하고 있었던 갈등이 이해가 되더라고요……."
> D씨: "인상 깊었던 부분은 나와 애들의 일생을 비교해서 그렸던 때로……, 이제는 애들 입장에서 바라보는 자세를 가져야겠다는 생각이 들었어요.."

그 외에 진정한 자신을 발견하고 수용하여 자아존중감을 높이는 단계인 3단계를 인상 깊은 단계로 지적하였는데, 이 단계를 통해서 중년기 주부는 자아존중감의 중요성을 인식하였으며, 미처 깨닫지 못했던 자신의 긍정적인 면을 새롭게 인식하고 그것을 지켜 나가기 위한 다짐을 함으로써, 중년기 주부의 자아존중감을 신장시키는 계기가 되었다.

> E씨: "3단계에서, 자신을 진정으로 사랑해야 다른 사람도 사랑할 수 있다는데서 가장 깊은 인상을 받았어요. 그래서 나를 긍정적으로 보려고 노력하게 됐어요……, 자아존중감'이란 단어가 늘 새겨지더라고요."
> B씨: "저는 3단계에서 서로 칭찬해 주는 시간이 가장 인상 깊었어요. 칭찬을 받으니 너무 신이 났고…, 내가 몰랐던 나의 모습을 깨달을 수 있었어요……, 그리고 기분이 안 좋을 때마다 꺼내서 봤어요……, 또 좋은 점을 계속 지키기 위해 노력해야겠다는 생각도 들더라고요……."

② 프로그램 참석을 통해 전반적으로 느낀 점

본 프로그램 참석을 통해 참여자들은 공통적으로 자신의 삶을 회고해 볼 기회를 가졌던 점과 자녀문제를 진지하게 논의해 볼 수 있었던 점에 높은 가치를 두었다. 먼저 개인적으로는 지금까지 살아온 삶을 평가해 볼 기회와 함께 미래생활도 생각해 보는 시간이 되었다. 즉, 세월의 흐름에 그냥 밀려가듯 아무 생각 없이 살아온 삶에 대한 반성과 함께, 자신의 성격을 보다 긍정적인 방향으로 발달시켜야 하는 동기를 부여받고, 일상생활이라 그 중요성을 잊고 살았던 가족에 대해 진지하게 생각해 보고 그 의미를 다시 새길 수 있었던 시간이었다.

> A씨: "지금까지 살아온 삶에 대해 반성해 보고 또 앞으로는 어떻게 살아갈까를 생각해 볼 기회가 되었어요. 또 긍정적인 생각을 갖는 것이 얼마나 중요한 지를 깨달았고요."
> F씨: "이제까지 아무 생각없이 지냈던 것들에 대해 진지하게 생각해 볼 기회를 갖

게 됐고……, 내 성격의 안 좋은 점을 고쳐야겠다는 생각을 하게 됐어요."
D씨: "인생 절반을 생각해 볼 시간이 되었고요, 앞으로 남은 인생에 대해서도
　　　생각해 보게 됐어요……, 너무나 중요한데도 항상 잊고 살았던'가족의
　　　소중함'을 깨달을 수 있었던 시간이었어요."

특히 본 프로그램을 통해 세대차이, 발달과업 등에 대한 학문적 지
식의 습득과 함께 이에 근거하여 중년기 주부들이 가장 관심 있어 하
는 자녀문제를 진지하게 논의해 봄으로써 자녀에 대한 올바른 이해의
계기가 되었다. 또한 자녀의 발달에 대한 체계적인 학습을 통해 자녀
와의 관계에서 자신감과 여유로움을 획득할 수 있었으며, 자녀를 객관
적으로 바라볼 수 있는 자세를 갖게 되었다.
　나아가 부부관계에 대한 반성과 함께 평생교육의 중요성을 인식하는
場이 되었다.

C씨: "세대차이에 대해 체계적으로 배운 후에 애들 문제를 얘기하게 되니까,
　　　왜 애들이랑 속 썩었는지 원인을 알겠고 애들에 대해서도 이해가 되더라
　　　고요……, 그리고'발달과업''빈 둥우리''생산성', 같은 말은 처음 들어
　　　봤고요, 자세히 공부해 본 것도 처음이에요."
E씨: "제일 중요하게 생각하는 자녀에 대해서 심도 있게 공부할 수 있어서 애
　　　들을 이해하는데 도움이 많이 됐어요."
F씨: "애하고의 대화에서 고칠 점뿐 아니라, 남편과의 관계도 다시 생각해 보면
　　　서 반성의 시간도 되었고 새로운 다짐의 시간도 됐어요……, 애하고의 문
　　　제에 대해 객관적인 생각을 갖게 됐어요."
H씨: "애들 편에서 이해해야 한다는 걸 배워서 그런지 애들을 보는 눈이 조금
　　　변한 것 같아요, 애들에 대해 뭔가 배웠다는 그 자체가 애들하고의 관계
　　　에서 자신감이랄까 여유로움을 갖게 하더라고요."

③ 동료집단 속에서 느낀 점

교육집단의 다른 참여자들로부터 얻은 선행경험에 의한 조언과 위안

은 그들의 중년기 적응에 중요한 자원으로 활용될 수 있음을 알 수 있었는데, 이는 교육프로그램의 참여가 비슷한 또래부모들과의 경험을 공유토록 함으로써 심리적 위안과 동료의식을 갖게 하여 사회적 지원망의 역할을 하며, 특히 동료집단간의 정보교환은 가치있는 자원이 된다는 선행연구들(김동위, 1996; 이시연, 1992; Hennon & Arcus, 1993; Small & Eastman, 1991)을 입증한 것으로 여겨진다.

한편 본 프로그램의 참여가 가정관리학과에 대해 새롭게 인식하는 場이 되었음도 알 수 있었다.

> B씨: "나보다 더 많은 걸 경험하신 C씨가 '애들이 크면 이해해요' 그런 얘기를 해주시니까 큰애 때문에 속상한 저로서는 위안을 많이 받았어요."
> E씨: "애들하고의 세대차이 같은 데선 공감되는 부분이 많아서 많은 위안이 되었어요."
> F씨: "G씨께서 애들하고의 대화에서 먼저 애들의 얘기를 열심히 들어주라고 하면서 인생 선배로서 경험한 지혜를 이야기해 주신 내용은……, 저에겐 귀중한 충고였어요."
> C씨: "다른 분들을 통해 폐경에 대한 마음의 준비를 하게 됐어요. 아직 경험을 하지 않아 두려웠는데 경험한 분들의 얘기를 들으니 걱정이 없어지고 잘 적응할 수 있을 것 같더라고요……, 가정관리科에 대해 새롭게 알게 됐어요. 이런 科의 애들은 결혼할 때나 가정생활에 도움이 많이 될 거라는 생각이 들었어요."

이상의 내용을 종합하면 본 프로그램을 통해 중년기 주부인 참여자들은 그들 삶의 전반적인 측면 - 즉, 자기 자신, 자녀와의 관계, 부부관계 - 에 대해 과거와 현재 그리고 미래까지도 생각해 볼 기회를 갖게 되었다. 또한 중년기 주부의 위기극복에 도움이 되는 자아존중감을 획득하고 가족의 소중함을 다시 새길 수 있었던 시간이었다.

특히 자신과 자녀의 life-line을 비교해 봄으로써 세대차이의 필연성과 원인을 알게 되어 자녀의 입장을 이해하려는 마음의 자세를 갖게 되었으며, 쌍방적 의사소통의 중요성을 이해함으로써 자녀와 친밀한 대화를 위해 노력할 것을 다짐하는 계기가 되었다.

그리하여 이 프로그램이 중년기 주부들에게 자녀에 대한 숙고의 시간이었으며, 특히 학문적으로 부족한 그들에게 인간발달과 가족관계에 대한 학문적 토대 위에서 자녀와 자신을 이해할 수 있는 계기를 제공하였다고 하겠다.

또한 이러한 체계적인 교육에의 참여 자체가 중년기 주부들에게 자신감을 가져다주었을 뿐 아니라 자녀와의 관계에서도 여유로움을 갖도록 하여, 본 프로그램이 의도했던 교육목표를 달성한 것으로 생각된다. 아울러 자녀의 독립에 대한 마음의 준비와 함께 자신의 노후계획뿐 아니라 남편과의 관계를 반성하는 시간이 된 것으로 여겨져 의도했던 교육목표 이외의 교육적 효과를 거둘 수 있었다.

(2) 프로그램을 통해 중년기 주부 자신에 대해 새롭게 느낀 점과 각오

프로그램 참석을 통해 참여자가 개인적인 측면에서 새롭게 깨달은 점이나, 변화된 점, 새로운 각오 등을 분석한 결과 크게 두 가지로 프로그램의 효과를 분석할 수 있었다.

① 자아평가를 통한 자아존중감의 추구

본 프로그램을 통해, 참여자들 모두 중년기 주부로서 지금까지 잊고 살았던 '자신'을 돌아볼 수 있는 소중한 시간을 가질 수 있었던 것에 대해 높은 가치를 두었다. 즉, 본 프로그램이 참여자들에게 자신의 인성특성을 객관적으로 판단해 볼 기회를 제공하여, 생에 대해 긍정적인 시각을 지닌 참여자들에게는 새로운 변화를 추구하기보다는 성격특성의 긍정적인 면을 강화시키는 계기를 제공하였으며, 반면에 자신의 삶이나 성격에 부정적인 생각을 지녔던 참여자들에게는 스스로 그 원인을 밝히도록 하였을 뿐 아니라 긍정적인 방향으로의 변화를 자극하는 계기가 되었음을 알 수 있다. 이는 부모교육이 자아성찰의 기회를 갖게 하여 자기조절을 배우게 하며(유은희, 1998), 내적 전환을 경험하게 하여 삶에 있어서 의미 있는 변화를 가져온다는 연구결과(First & Way, 1995)와 일치하는 것으로 여겨진다.

또한 본 프로그램이 대부분의 참여자들에게 자신의 존재를 인식시켜 자아존중감을 고양시키는 계기가 되었으며, 자신을 존중하기 위한 구체적이고 다양한 방법을 모색케 하는 場이 되었음도 알 수 있었다. 이는 부모역할훈련을 통해 어머니의 자아개념이 긍정적으로 변화하였다는 연구결과(Noller & Taylor, 1989)와 일치한다고 하겠다.

아울러 대부분의 참여자들이 중년기를 위기로 인식하기보다는 인생의 절정의 시기로 인식함을 확인할 수 있었으며, 연구자나 다른 참여자들로부터 긍정적인 피드백을 받았던 참여자들은 그로 인해 자신감이 생겼으며 자아존중감이 높아졌음을 알 수 있었다.

> D씨: "살아온 인생을 회고해 보면서 '나'를 돌아볼 수 있었어요……, 스스로의 삶에 열심인 자세가 필요하고 '내가 만족하는 삶'이 되어야 한다는 생각이 들면서 '나'를 사랑해야 한다는 각오를 했어요."
>
> H씨: "나를 생각할 기회가 되었어요……, 내가 없이는 걔들도 없는 거란 생각이 들면서 나를 위해서 열심히 살아야겠다는 다짐을 했어요."
>
> E씨: "제 개인적으론 참 비관적인 성격이었는데, 그걸 변화시켜야 된다는 걸 배운게 큰 소득이에요. 스스로를 긍정적으로 보려는 자세를 갖게 됐고 앞으론 기쁜 마음으로 살아야겠다는 다짐을 했어요."
>
> A씨: "마음을 넓게 먹는다는 것이 중요하다는 것도 배웠고요…, 장점세례 시간을 통해 내 자신에 대해 자신감이 생겼어요. 앞으로 계속 그런 점을 지키려고 노력할거고 자신 있게 살아야겠어요."

② 발달과업에 대한 이해와 발달과업 성취를 위한 다짐

아울러 본 프로그램은 중년기 주부들이 지금까지 배우지 못해서 수행하지 못했던 중년기 발달과업 등에 대한 새로운 지식습득의 기회를 제공해 그들로 하여금 발달과업을 적극적으로 실천하여 더 나은 성숙을 이룩할 수 있는 토대를 마련해 준 것으로 여겨진다. 특히 몇 명의 참여자의 경우, 본 프로그램을 통해 중년기 발달과업으로 중시되는 '생산성' 개념에 대한 확실한 인식을 하게 되어 이를 위한 지속적인 노력을 다짐하기도 했다.

> C씨: "지금까지 몰랐던 중년기에 대한 지식을 알게 되면서, 중년기가 되면서 인정해야 할 부분들…… 폐경 그리고 애들 떠나보낼 마음의 준비 그런 것들을 받아들이려 노력하게 됐어요……, 항상 인생을 준비하는 자세로 살아야 한다는 것도 배웠어요."
> D씨: "'생산성'이란 것이 중요하다는 것을 알았어요, 욕심을 버리고 크게 보는 시야를 갖도록 노력해야겠다는 생각을 했어요."
> B씨: "저는 누구한테 뭐든지 가르쳐 주는 걸 좋아해서 요새는 주위 사람들한테 茶道를 가르쳐 주는데 '생산성'을 배우면서 '그게 바로 생산성이구나.'라는 생각이 들면서 바람직하게 살고 있다는 자신감을 얻었어요. 앞으로도 남을 생각하면서 열심히 살아야지요."

결과적으로 본 프로그램 참여를 통해 대부분의 피교육자들이 자아존중감의 향상을 경험하고 이를 위해 노력할 것을 다짐함으로써 심리적 복지 증진의 계기를 갖게 되었으므로, 프로그램 개발과정에서 선정했던 중년기 주부의 심리적 복지감을 증진시키고 자아존중감을 높여 가족과 사회에서의 적응을 촉진시킨다는 교육프로그램의 목표1이 달성된 것으로 여겨진다.

아울러 중년기의 강력한 자기반성은 의미 있는 변화를 시작할 기회를 제공하며, 중년기는 생각과 행동습관의 변화에 대한 학습을 통해 개인의 행복을 회복할 수 있는 시기라는 주장(Binger, 1993)을 확인할 수 있었다. 또한 Williams(1979)가 중년여성들이 가장 원하는 것은 성장과 발달을 위한 방법에 대해 알고자 하는 것임을 지적했듯이, 본 프로그램을 통해서도 중년기 주부들의 변화와 발달을 위해서는 그들에게 중년기에 대한 기본적인 지식이 제공되어야만 함을 알 수 있었다. 그리하여 중년기 주부들에게 자아평가의 기회와 중년기 일반에 대한 지식을 제공하는 가족생활교육이 필요함을 입증하였다.

(3) 프로그램 참석에 의해 자녀와의 관계에서 변화된 제 측면들

본 프로그램에 참석하면서, 자녀와의 관계에 대해 새롭게 배운 점이 무엇이며, 지금까지 수행해 온 어머니 역할에 대한 평가와 그에 따라 자녀와의 관계에 대해서 새롭게 가지게 된 다짐들에 대해 질문하였다.

참여자들 모두가 자녀와의 관계에 대한 인식과 태도 변화에 대해 면접시간의 대부분을 할애하여, 본 프로그램을 통해 자녀와의 관계에 대해 많은 생각을 하게 되었고 변화를 경험하게 되었음을 알 수 있었다.

자녀와의 관계에 있어서의 제 변화에 대한 참여자들과의 면접결과는 그 내용을 크게 네 가지로 분류할 수 있었다.

① 지금까지의 자녀양육 방식에 대한 반성

참여자들이 본 프로그램의 참석을 통해 자녀와의 관계에 대해 느낀 점으로 가장 먼저 이야기를 꺼낸 내용은 지금까지의 자녀양육 방식에 대한 반성이었다.

프로그램 실시과정에서 참여자들간에 자녀양육에 대한 다양한 경험과 갈등을 서로 나눔으로써 객관적인 입장에서 지금까지의 자신의 양육방식을 반성해 보고 부족했던 부분을 채우기 위한 다짐의 시간이 되었다.

또한 본 프로그램을 통해 참여자들은 성인이 된 자녀를 지금까지도 독립된 인격체로 인정해 주지 못했던 점을 깨닫게 되었으며, 성인자녀의 발달과업 성취를 위해서 자녀의 독립과 자율을 인정해야 함을 수용하게 되었다.

> H씨: "다른 분들 얘기와 어머니의 과업에 대해 들으면서 애들에 대해 아무 생각 없이 '그저 자라주겠거니'라고 생각한 게 창피하더라고요. 그래서 반성 많이 했어요."
>
> C씨: "애들을 너무 억눌러서 길렀다는 생각이 들었어요. 그저 규제하고, 눈앞에 보여야 되고……, 이제부터라도 강의시간에 배운 대로 애들을 믿고 좀 내버려둬야겠다는 생각을 했어요."
>
> F씨: "애 문제에 대해 '내 주장만 하고 너무 보수적이었구나.' 생각했어요. 권위적이고 명령적이고……, 이제는 어른으로 대접해 줘야겠어요."

② 자녀와의 관계에서의 새로운 인식

양육방식에 대한 반성 다음으로 참여자들이 지적했던 내용은, 지금까지 전혀 생각하지 못했던 부분이었는데 이 프로그램에 참석하게 되면서 자녀와의 관계에서 새롭게 인식하게 된 점들에 대한 내용들이었다.

본 프로그램을 통해 대부분의 참여자들이 세대차이의 원인과 그 필연성을 올바로 인식하게 되어 자녀를 보다 잘 이해할 수 있게 되었다. 이러한 자녀에 대한 이해의 증진은, 곧 본 프로그램의 교육목표인 '자녀와의 관계향상'을 위한 핵심요소로 간주되므로, 프로그램이 의도한 교육목표가 달성되었다고 평가할 수 있다.

또한 지금까지 참여자들이 생각하지 못했던 자녀를 위한 성교육의 필요성에 대한 인식과 함께 자녀의 혼인에 대해 가졌던 기성세대들의 잘못된 편견도 불식시키는 좋은 계기가 되었다. 아울러 결혼에 의해 형성되는 가족의 기능이 개인과 사회에 미치는 중요성을 이해함으로써 자녀의 결혼에 대한 막중한 책임을 인식하여 미래를 예견하는 안내자로서의 책임 있는 역할수행을 다짐하였다.

A씨: "애들이랑 우리 세대랑은 세대차이가 날 수 밖에 없고 애들은 우리랑 다른 세대를 살게 된다는 걸 깨달았고, 애들을 이해하려 노력해야겠다는 생각을 하게 됐어요……, 또 항상 대화가 부족한 걸 느끼면서도 애들 나이에는 으레 다 그렇게 대화가 없는 거라고 생각했었는데, 공부를 통해 그게 아니라는 걸 알게 됐고 앞으로는 의식적으로라도 더 많은 대화를 위해 노력해야겠어요."

H씨: "전 정말 놀란 게 특히 성교육 부분이었어요. 그런 부분도 엄마로서 가르쳐야 했는데 딸을 다섯이나 둔 엄마로서 너무 무심했다는 생각이 들면서……, 지금은 언제 그런 얘기를 해주어야할지 시기를 고려 중이예요."

E씨: "애들에 대한 결혼관이 바뀌었어요, 애들의 결혼을 내 방식대로 이끌려고 했는데 앞으론 그러지 않을 거예요. 수업시간에 궁합 얘기 했을 때 저도 봐야 한다고 했었지만……, 결국은 애들이나 우리나 열심히 사는 게 중요하거란 생각이 들고, 내가 요구했던 조건들보다 마음이 중요하다는 점을 깨달았어요, 그게 애들이 말하는 사랑이겠죠."

D씨: "혼인이 둘만의 문제가 아니고 더 많은 의미를 갖는다는 걸 배우고 나니 어머니로서 애들이 선택을 올바르게 할 수 있도록 도와줄 의무가 있다는 생각이 들었어요……."

B씨: "저도 애들도 혼인에 대해 마음의 준비와 함께 올바른 가치관을 가져야 한다는 걸 느꼈어요……, 우리 애들은 남자 애들이니 학교에서도 그런 건 배우지 않을 테고……, 그러니 그런 부분에 대해서도 가르쳐야겠다는 생각을 했어요."

③ 자녀와의 갈등해결 유형의 변화

참여자들이 자녀와의 관계에서 역점을 두고 토로한 내용은 과거 또는 현재 겪고 있는 자녀와의 갈등에 관한 내용이었다. 내용을 분석해 본 결과, 참여자들이 지금까지는 자녀와의 갈등상황에서 자신의 입장을 강요하며 억압과 강제의 방식으로 갈등을 해결한 반면, 프로그램 참석 후엔 갈등상황에서 즉각적인 반응을 보이기보다 먼저 자녀 입장에서 문제를 바라볼 수 있는 여유를 갖게 되었음을 알 수 있었다. 아울러 타협과 설득 등의 긍정적인 갈등해결 방안을 모색하고 이를 위해 노력할 것을 다짐함으로써 갈등을 미연에 방지할 수 있는 여지를 보여주었다. 또한 과거의 자녀와의 갈등을 회고해 보면서 자녀의 의견을 존중해 주지 못한 반성의 시간이 되기도 해, 자녀의 자율성을 인정해 주려는 자세도 엿볼 수 있었다.

그리하여 본 프로그램이 참여자들로 하여금 자녀와의 갈등을 보다 건설적인 방향으로 해결하는 계기가 되어 자녀와의 관계를 향상시키는 데 기여할 것으로 생각되며, 이미 참여자가 자녀와의 관계에서 변화를 체험하고 있는 경우도 있어 본 프로그램의 교육적 효과를 실제생활에서 확인할 수 있었다.

C씨: "딸애가 어학연수 가고 유학 간다고 했을 때 우리 부부가 못 가게 했었어요, 딸은 맺힌 마음이 남아 있어서 요새도 섭섭함을 얘기해요, 이 교육을 받으면서 애 마음에 그렇게 큰 상처를 줬다는 건 걔한테는 그만큼 중요했다는 얘긴데 그걸 이해해 주지 못한 게 미안하단 생각이 들었어요. 갈등을 타협적으로 풀지 못하고 부모 욕심만 해결하려 했던 거잖아요. 앞으로는 내 입장만 강요하지 않고 애들 의견을 수용하도록 노력해야겠어요……."

B씨: "큰애가 내 얘기면 무조건 거절하거나 무시하는데, 이 공부하면서 왜 그럴까를 생각해 보니, 내가 걔를 불편하게 했나 봐요, 능력이 안 되는 애한테 내 욕심만 부린 것 같고……, 내가 원하던 대학을 못 간 이후로 걔한테 뭐든 이쁘게 나가지 못했어요……, 걔 말대로 싸우는 사이가 된 거죠. '신발 거꾸로 신어보기'란 말씀을 하실 때 내 욕심 때문에 이렇게 됐다는 생각이 들면서 반성을 많이 했어요. '__해'라는 식으로 강요하는 편이었고요……, 앞으론 '타협'을 위해 노력해야겠어요, 먼저 제 말투부터 고치려고 해요. 요새 의식적으로 다정하고 부드럽게 말했더니 애도 조금 변하는 것 같아요. 하여튼 이 공부하고 나서 큰애하고의 관계에서 변화를 내가 느끼고 있어요. 우선 내가 참는 걸 배웠고 이해하려는 마음이 생기니까 확실히 싸움이 줄어들더라고요……."

F씨: "애가 군대가기 전에 갈등이 너무너무 많았어요……, 기본적으로 대화가 되질 않았어요. 이 기회를 통해 애하고의 관계를 생각해 보니 내가 애한

테 너무나 강압적이었다는 점을 깨달았어요……, 많이 반성했어요. 이제부턴 이해하고 너그럽게 받아들여 줘야겠어요……, 지난주에 면회를 갔는데 내가 무얼 물었더니 대뜸 '엄마는 그것도 몰라요, 왜 그렇게 무식해요.' 그러더라고요, 기가 막혔어요. 딴 때 같으면 내가 있는 대로 야단치고 한바탕했죠. 그런데 공부한 게 생각나서 꾹 참았어요, 속으론 어찌나 화가 났던지……, 내가 딴 때랑 다르다고 생각했는지 그 녀석이 먼저 사과하더라고요. 5월이면 제대해서 돌아오는데 함께 지낼 생각하면 솔직히 이전까진 걱정이었어요. 이 공부하고 나선 어지간하면 양보하고 참아야지 그런 생각을 갖게 됐는데……, 잘 될지……. 열심히 노력해야죠."

④ 자녀에게 미치는 부모의 영향력에 대한 인지

프로그램의 마지막 단계였던 8단계에서 참여자들은 자녀의 결혼 등 자녀의 미래를 생각해 보는 시간을 통해, 부모의 생활모습 자체가 자녀에게 중요한 영향을 미치게 됨을 학습한 후, 자신들의 부부관계가 자녀에게 어떤 모습이었는지를 평가해 보게 되었다.

본 프로그램을 통해, 참여자들은 자녀의 이성관과 결혼관뿐 아니라 가치관의 모든 측면에 미치는 부모의 영향력이 얼마나 중요한지를 인식하게 되어 스스로의 생활에 책임의식을 부여하고 보다 발전적인 방향으로 나아가려는 다짐을 하게 되었다. 또한 대리성취와 같은 자신들의 결혼동기가 자녀세대에서는 지양되어야 하며 1 對 1의 동등한 인격적 만남과 성격 등이 결혼의 주요한 조건이 되어야 함을 인식하는 계기도 되었다.

D씨: "자녀에게 가장 중요한 영향을 미치는 건 부모고 그 중에서도 엄마라는 걸 다시 한 번 확인할 수 있는 시간이었어요…, 앞으로 더 좋은 엄마가 되도록 노력해야겠어요."

H씨: "부모역할이 얼마나 중요한지를 깨달았어요. 내 생활 자체가 걔들에게 직접적으로 영향을 미친다고 생각하니 애들이 많은 저로서는 책임감이 무겁고 두렵다는 생각까지 들더라고요. 물론 지금까지도 반듯하게 살려고

　　　노력했지만 더 열심히 살아야겠어요."

B씨: "전 남편감을 고를 때도 대리성취 욕구가 있었어요. 제가 학벌이 부족해
　　　서 그걸 남편한테 보상받으려 했지요……, 이 공부하면서 대리성취를 위
　　　해 결혼을 한다는 그 자체가, 행복한 가정을 이루는데 걸림돌이 될 수
　　　있다는 생각이 들면서 애들한테는 '이런 혼인시키면 안 되겠구나' 생각했
　　　어요. 수업시간에 배운대로 조건이 모자라면 모자란 대로 인격적으로 만
　　　나서 동등하게 살라고 얘기하고 싶어요……, 어느 한쪽의 일방적인 희생
　　　이 있어선 안 되겠죠."

G씨: "부부관계가 애들한테 중요한 영향을 미친다는 걸 배우고 나선 애들한테
　　　안 좋은 모습을 보여준 게 마음에 걸리면서, 애들이 행복한 결혼생활을
　　　하기를 바랬어요. 그러려면 혼인할 때 부모세대들이 중시하는 조건들보
　　　다는 애들이 자신들한테 맞는 배우자감을 선택하도록 하는 게 중요하겠
　　　더라고요."

요약하면 참여자들은 본 프로그램 참석을 통해 자녀와의 관계를 보다 객관적으로 바라볼 수 있는 시야를 갖게 되어 지금까지 자녀양육 방식에 대한 반성과 아울러 자녀와의 문제·갈등의 원인을 냉철하게 분석함으로써, 권위적이거나 무관심했던 자녀에 대한 태도를 민주적으로 변화시키는 계기를 마련하였다. 이는 부모교육 참석 후에 부모들이 보다 민주적으로 변화하였다는 선행연구결과(유은희, 1998)와 일치한다고 하겠다.

한편 본 프로그램의 참석 후 자신과 자녀세대의 세대차이 수용을 통해 자녀세대를 보다 폭넓게 이해할 수 있게 되었음을 알 수 있었는데, 이는 부모교육 참석 후 자녀에 대해 보다 감정이입적이 되었으며(First & Way, 1995), 자녀에 대해 긍정적인 태도를 갖게 되었다는 연구결과 (유은희·홍숙자, 1998)와 일치하는 것으로 여겨진다. 또한 자녀의 발달과업에 대한 이해를 통해 자녀를 성인으로 인정하게 되었을 뿐 아니라 자녀의 독립에 대한 마음의 준비를 하게 되는 계기가 되었다.

그리고 자녀와의 갈등에 대한 부정적인 인식에서 벗어나, 건설적인

방향으로 해결하려는 자세를 보임으로써 자녀와의 관계를 향상시키는 데 기여할 것으로 생각된다.

프로그램의 교육적 효과 중 가장 중요한 점은 자녀와의 대화의 중요성에 대한 인식이었다. 즉, 참여자들 모두는 자녀와 더 많은 대화시간을 갖도록 노력할 것이며, 지금까지와는 다른 경청과 자녀입장에서의 이해가 전제되는 대화가 되도록 노력할 것임을 다짐하고 실천하는 자세를 보여 주었다. 이는 부모교육 후 대화의 태도와 기술에 있어서 긍정적인 변화를 보이며(김순옥·송현애, 1998), 자녀와의 의사소통에 향상을 가져왔다는 연구결과(First & Way, 1995)들과 일치하는 것으로 여겨진다.

따라서 자녀와 친밀한 관계로 발달하는데 있어 핵심요소라 할 수 있는 대화의 중요성에 대한 인식과 태도변화를 통해, 본 프로그램이 목표로 했던 '자녀와의 관계향상'을 위한 가장 중요한 기초가 확실하게 자리 잡았음을 확인할 수 있었다. 그리하여 본 프로그램은 중년기 주부들에게 자녀와의 관계개선 나아가 신세대에 대한 이해증진에 기여하는 시간이 되었음을 알 수 있었다.

따라서 교육프로그램 개발과정에서 선정했던 자녀와의 성숙한 관계 맺기를 도와 가족의 화합을 이룩하여 가족생활의 질을 향상시킨다는 교육프로그램의 목표2와, 자녀에 대한 이해뿐만 아니라 신세대에 대한 이해를 도와 사회의 안정과 통합에 이바지한다는 목표3도 함께 달성된 것으로 여겨진다.

(4) 자녀의 진수에 따른 부부관계의 중요성 인식과 노후 계획

여덟 단계의 교육과정을 거치면서 중년기 주부 자신을 위한 교육내용과 자녀와의 관계향상을 위한 교육내용 모두에서 참여자들은 남편과의 관계에 비친 자신의 모습, 남편과의 결혼생활, 자녀양육에 대한 가치관에 있어서 남편과의 일치·불일치 등을 이야기함으로써 본 프로그램이 중년기 주부 자신과 자녀와의 관계에 대한 평가와 발달을 위한 場에서 더 나아가 부부관계 전반을 평가하고 새로운 미래를 계획하는 더 큰 마당이 되었음을 확인할 수 있었다.

그리하여 참여자들은 이 프로그램을 통해 부부관계에 대한 반성과 함께, 자녀와의 관계에서 중요하게 인식한 양승적 갈등해결과 대화의 중요성이 부부관계에도 똑같이 적용됨을 깨닫게 되었다.

> F씨: "부부관계에 대해서 반성하게 됐어요. 애한테 했듯이 남편한테도 억압한 적이 많았거든요. 남편 얘기를 들어보지도 않고 내 입장만 옳다고 강요했던 것 같아요. 이제부터는 남편 얘기를 먼저 받아들이고 북돋아주고 나서 내 얘기를 해야겠다는 생각을 했어요……."

또한 자녀의 성장과 독립을 수용하게 되면서 부부관계의 중요성을 새롭게 인식하는 계기가 되어, 빈 둥우리 이후를 대비한 부부 둘만의 구체적인 노후를 계획하는 미래지향적인 자세를 보여 주었다.

한편 참여자들이, 중년기 이후의 바람직한 부부관계와 성인자녀와 동등한 관계맺기를 주 내용으로 하는 교육이 중년기 남성들에게도 필요함을 지적함으로써, 본 프로그램을 통해 참여자들이 새롭게 인식하고 느낀 점을 남편과 함께 공유하여 부부가 공동으로 가족생활의 질을 향상시키려는 의지를 엿볼 수 있었다.

> B씨: "애들 혼인해서 떠나고 나면 남편밖에 없다는 걸 느끼고 나니 남편이 소중하게 느껴지더라고요."
>
> C씨: "교육을 받으면서 느낀 건 나이를 먹을수록 부부관계가 소중하다는 거였어요.. 서로에 대해 더 많이 배려하는 자세가 필요할 것 같아요."
>
> E씨: "이 교육을 통해 부부관계에 대해 많은 생각을 했어요. 남편이 가정보다는 일하고 바깥생활이 중요한 사람이거든요, 그러니 애들이 떠나고 나면

내 모습이 어떨지 걱정이 되더라고요……, 그래서 남편한테 공동의 취미 활동이 필요하다는 얘기도 했어요……, 사실 남편들이 이런 교육 더 받아야 돼요……, 직장에서 한 달에 한 번씩이라도 이런 교육을 해 줄 필요가 있어요.”

G씨: “애들 다 떠나보내고 나면 나는 걱정이 전혀 안되는데 남편이 걱정되더라고요, 나는 손주봐주고 살림 도와주는 일 같은 걸로 애들한테 도움이 될 테고 또 애들하고 친하니까 괜찮은데 애들 아버지는 애들한테 잘 해주지도 못 했고 권위만 내세웠으니……, 그러니 굉장히 외로울 것 같더라고요……, 실은 우리 애들 아버지같은 남자들이 더 이런 교육을 받아야 돼요……, 그래도 애들 다 떠나고 나서 결국 나하고 남편 둘만 남는다고 생각하니 부부관계가 제일 소중하다는 건 알겠어요.”

F씨: “중년 이후에 부부관계가 중요하다는 것을 배우면서 노후를 생각하게 됐어요, 남편이 은퇴하면 둘이 고적 답사하면서 살자고 오래 전부터 계획했었는데 이번 기회를 통해 그걸 꼭 실천해서 애한테 짐이 되지 말아야겠다는 생각을 했어요.”

H씨: “앞으로 남편과의 둘만의 시간을 많이 가져야겠고……, 건강에 각별히 신경 써야겠다는 생각을 했어요……, 늙어서 애들한테 짐이 안 되려면 열심히 저축해서 경제적으로도 든든해야겠다는 생각도 했어요.”

그리하여 자녀와의 관계향상을 주 목적으로 한 본 프로그램이 자녀와의 관계 개선뿐만 아니라, 배우자와의 관계 개선에도 기여하는 계기가 되었음을 알 수 있어, 이는 부모역할훈련이 자녀와의 관계개선뿐 아니라 부부간의 조화도 긍정적으로 향상시킨다는 연구결과(조윤옥, 1994)와 일치한다고 하겠다.

따라서 배우자에 대한 이해심을 높여 부부관계 향상에도 도움을 주리라는 프로그램의 목표4도 달성된 것으로 여겨진다.

이상의 모든 결과는 양적 평가로는 얻을 수 없는 교육프로그램의 중요한 효과로 First와 Way(1995)가 주장했던 질적 평가의 중요성을 입증한 것이다.

(5) 프로그램에 대한 참여자들의 제언

마지막으로 개별면접의 末尾에, 본 프로그램의 활성화와 앞으로의 중년기 주부 대상 가족생활교육 프로그램의 개발과 실천을 위한 실증자료를 얻기 위해, 본 프로그램에 참석하면서 느꼈던 프로그램의 내용 또는 실시방법 등의 문제점이나 미비점, 앞으로의 교육프로그램에 대한 바람 등에 대해 질문하였다.

먼저 참여자들 모두가 중년기 주부를 위해서 다양한 교육프로그램이 활성화되어야 함을 주장하였다. 특히 중년기 주부들의 배움에 대한 한을 충족시켜 주고, 건전한 여가문화 정착을 위해서도 중년기 주부를 위한 교육이 절대적으로 필요하다고 하였다.

> C씨: "우리 세대는 못 배운 게 한이 된 사람들이잖아요. 그러니 공부하는 것엔 더 큰 의미를 두게 돼요. 이런 교육을 받으러 다니면 말 한마디라도 배우고 뭐라도 하나 느끼게 되니까요……, 이런 프로그램을 많이 만들어서 무료로 자꾸 제공해 주면 우리 중년주부들 생각도 변화되고 여가선용도 되고 참 좋은 일이에요."
>
> F씨: "주위의 친구들을 보면 행복해하지만 뭔가를 갈구해요. 특히 돈 안 들이고 의미있는 일을 하고 싶어 하거든요. 그러니 이런 프로그램을 많이 만들면 중년여성들에게도 좋고, 그 가족들에게도 좋은 일이니 되도록 많이 만들어서 쉽게 갈 수 있는 곳에서 많이 열렸으면 좋겠어요."

두 경우 모두 무료를 강조했는데, 중년세대는 경제적으로 어려운 시대를 살아온 세대라 절약이 몸에 배어 경제적으로 여유가 있다하더라도 비용이 들게 되면 아무리 좋은 교육이라도 주저하게 된다고 했다. 따라서 정부, 지방자치단체 또는 기업들의 재정적 지원이 뒷받침 되어 중년기 주부를 위한 가족생활교육 프로그램의 개발과 실시가 계속적으로 이루어져, 교육프로그램의 긍정적인 기능들이 충분히 발휘될 수 있도록 하여야 할 것이다.

한편 교육프로그램에 더 첨가하고 싶은 내용과 여덟 단계의 적절성에 대한 질문에 대부분의 참여자들이 내용에 대해서는 만족스러워 했으며, 여덟 단계 이상이 되면 너무 장기적이 되어 결석할 확률이 높아지고 한 단계라도 빠지면 교육의 연속성이 결여되므로, 시간적인 융통성을 가지고 관련성이 짙은 단계들끼리는 연속적으로 실시함으로써 2개월 이내에 끝내는 것이 적절하다는 의견을 제시하였다.

또한 중년의 아버지들에게도 이 프로그램이 실시되어야 함을 몇몇 참여자들(E씨, F씨, G씨)이 여러 번 주장하여, 이를 위한 연구자의 노력과 함께 중년기 남성을 위한 가족생활교육 프로그램 개발과 실시를 위한 학계의 노력이 절실히 필요함을 느꼈다.

한편 참여자들의 자녀와 동시세대인 보조자들의 프로그램 참석에 대해서는 대부분 긍정적인 반응을 보였다.

"애들이 더 많이 참석할 수 있었으면, 더 많은 이야기를 들을 수 있었을 거고 그럼 애들 세대에 대해 더 많은 이해를 할 수 있었을 것 같다는 생각을 해 봤어요."(A씨, B씨, C씨, F씨, G씨)

또한 자녀들의 프로그램 참석여부에 대해서는 자녀와 함께 하는 것이 좋겠다는 집단과 자녀가 아닌 자녀세대의 보조자들이 참석하는 것이 좋겠다는 집단으로 양분되었다. 특히 E씨는 자녀가 보조자로 프로그램 전 과정에 함께 참석한 경우로, 그는 모든 단계에 자녀가 함께 참석하여 개인적인 얘기나 부부관계에 대해 이야기하기가 곤란한 면이 있었으므로 의사소통(6단계)과 갈등을 다루는 단계(7단계)에만 자녀가 함께 참석했으면 좋겠다는 의견을 제시하였다. 그러나 F씨는 그 단계보다는 세대차이의 수용단계인 5단계에 자녀가 함께 참석해서 함께 life line을 그려보면 자녀들도 부모세대를 더 잘 이해할 수 있을 것이라고 하였다. 이는 부모들도 자녀세대를 이해해야 하지만 자녀들도 부모세대에 대한 이해가 필요함을 중년의 어머니들이 절실히 느끼고 있음을 나타낸 것으로 여겨졌다. 그러므로 프로그램 전 과정 중 참여자들의 요구가 있는 단계에서는 자녀가 함께 참석하여 서로 간에 이해의 폭을 넓힐 수 있는 場을 마련해 주어야 할 것으로 생각된다.

한편 참여자들은 프로그램을 통한 인식의 변화가 행동의 변화로 계속 이어지기 위해서는 프로그램이 지속적으로 실시되어야 하며, 노인부양을 책임지고 있는 중년주부들을 위해 노인에 대한 이해를 돕는 교육도 필요함을 함께 지적하였다.

> F씨: "교육받을 땐 이런 점을 고쳐야지 그랬다가도 잠시 지나면 잊어버리게 되잖아요. 그러니 지속적인 교육참여를 통해 내 스스로도 살 찌우고 자녀·부부관계도 변화시킬 필요가 있겠다는 생각이 들었고요……, 저 같은 경우 시어머니를 모시고 있어서 어려움을 많이 겪었는데 그런 부분에 대한 교육도 필요하다고 생각해요."
>
> H씨: "저는 진작 이런 교육을 받았었으면 애들을 보다 잘 키웠을 거라는 생각이 들더라고요……, 나이 50이 넘으면 자꾸 잊어버리게 되니, 이런 교육이 계속 실시되면 내가 듣고 싶을 때 그리고 잊어버렸을 때 가서 자꾸 들으면 좋겠다는 생각이 들었어요."

한편 본 프로그램의 집단성원이 아는 사람 중심으로 구성되었기 때문에 겪은 불편사항이나 문제점에 대해서는 대부분의 참여자들이 "우리 나이엔 아는 사람이 있다고 할 애기 못하고 안 그래요." 라는 반응과 함께 아는 사람끼리니까 분위기가 더 좋을 수 있으며(A씨, D씨, G씨, H씨), 모르는 사람끼리 집단이 구성되면 서로 다른 생활모습에서 더 많은 걸 배울 수 있을 것 같고 하고 싶은 애기를 더 많이 할 수 있을 것 같다(B씨, C씨, D씨, E씨, F씨)는 의견도 제시하였다.

또한 집단의 인원수에 대한 물음에 대해 대부분의 참여자들이 본 프로그램의 인원수(8명)에 만족스러워 했는데, 그 이상의 집단이 되면 활동과정에서 다 돌아가면서 이야기하는데 너무 많은 시간이 걸리고 분위기가 산만해질 것이며, 5인 이하가 되면 참여자들이 부담스러울 것이라는 견해를 제시하면서 6-8인이 가장 적당하다고 하였다. 그리하여 본 프로그램의 집단구성과 인원수가 교육목표의 달성과 프로그램의 실시에 적당하였음을 알 수 있었다.

이외의 의견으로 D씨는 각 단계가 끝날 때마다 그 단계의 평가를 위해 실시하는 교육일지의 기록방식을, 참여자들이 돌아가면서 이야기하는 방식으로 바꾸면 그 과정에서도 뭔가 느끼고 배울 수 있으리란 의견을 제시하였다. 한편

> E씨: "첫 시간에 선생님이 주신 '우리 이웃 열한 가족이야기'책을 시간 날 때마다 읽어 봤는데, 앞부분에선 애들을 이해할 수 있었고요, 뒷부분에선 애들한테 짐이 되지 않는 노년이 되기 위해 열심히 살아야겠다는 생각을 하게 되더라구요. 그러니 자꾸 이런데 찾아다니면서 공부하면 여러 가지 면에서 생각도 깊어지고 책도 읽게 되고 많은 면에서 도움이 될 거란 생각이 들었어요."

이는 중년기 주부들이 교육에 대해 대단한 열정을 지니고 있음을 대변하는 것으로, 가족생활교육의 필요성을 다시 한 번 입증해 주는 것으로 여겨진다.

이상의 내용들은 참여자들이 프로그램 실시과정 속에서 더 나은 교육프로그램을 위해 구체적으로 인식한 점을 지적한 것으로, 앞으로의 프로그램 개발과 실시에 충분히 반영되어야 할 가치 있는 자료로 여겨진다.

2) 사전·사후검사 결과 비교분석

이상에서 개인별 면접을 통해 본 프로그램이 의도했던 교육목표가 달성되었음을 살펴보았는데, 이를 보다 객관적으로 입증하기 위해 세 가지 척도에 의한 사전·사후 점수를 비교한 결과는 〈표15〉와 같다.

F씨를 제외한 대부분의 참여자들이 사후검사 결과, 두 가지 이상의 척도에서 사전검사보다 점수가 소폭이라도 상승한 것으로 나타나 양적 측정에 의해서도 본 프로그램의 교육목표가 달성되었음을 알 수 있었다.

〈표15〉 사전·사후검사 점수비교

척 도 측정시기 참여자	자아존중감(75점)		심리적 복지감(100점)		자녀관계 만족도(105점)	
	사 전	사 후	사 전	사 후	사 전	사 후
A씨	43점	42점	64점	66점	75점	81점
B씨	45점	48점	64점	74점	57점	69점
C씨	50점	51점	70점	71점	81점	85점
D씨	51점	53점	80점	80점	74점	81점
E씨	54점	59점	64점	80점	81점	81점
F씨	50점	55점	78점	71점	75점	66점
G씨	52점	51점	76점	79점	79점	88점
H씨	41점	52점	69점	81점	77점	79점

따라서 프로그램 참여를 통해 중년기 주부들은 자신에 대한 긍정적인 사고와 함께 스스로를 존중하게 되어 심리적 복지감이 향상되었으며, 자녀와의 관계에서도 만족도의 향상을 경험하였다.

한편 A씨와 G씨의 경우 자아존중감에서 점수의 하락이 있었으나, 하락 폭이 미미하며, 심리적 복지감과 자녀관계 만족도에서는 점수의 상승을 보였으므로, 본 교육프로그램의 효과가 있었다고 할 수 있다.

또한 D씨의 경우 심리적 복지감에서, E씨의 경우 자녀관계 만족도에서 점수의 변화를 보이지 않았는데, 이는 사전검사 시 이들이 그 영역에서 가장 높은 점수를 나타낸 점으로 보아, 그 부분에 대해서는 각각 스스로 만족스런 생활을 하고 있었기 때문에 더 이상의 변화를 원하기보다는 그 상태를 계속 유지하려는 것으로 여겨진다. 그 대신 D씨의 경우 자녀관계 만족도에서 비교적 높은 점수의 상승을 보였으며, E씨의 경우는 개별면접에서 자신에게 부족하다고 토로했던 자아존중감에서의 점수의 상승과 함께 심리적 복지감에서도 높은 점수의 상승을 나타내, 프로그램의 효과를 확실히 보여 주었다. 따라서 참여자들이 자신에게서 부족하다고 느끼는 측면에서 프로그램의 교육적 효과가 더 확실하게 나타났음을 알 수 있었다.

한편 F씨의 경우는 심리적 복지감과 자녀관계 만족도 모두에서 점수의 하락 정도가 심한 것으로 나타났는데, 이는 다른 참여자들에 비해 자신이 중년기를 만족스럽게 보내지 못하고 있으며, 지금까지 자녀와의 갈등의 원인이 자신에게 있다는 점을 인식함으로써 나타난 결과로 여겨진다. 따라서 다른 참여자들과는 달리 F씨의 경우 점수의 하락을 보이기는 했으나, 본 프로그램의 참여가 자신에 대한 객관적인 평가의 기회를 갖게 하여 문제를 올바르게 인식하도록 함으로써 자녀와 새로운 관계 구축의 발판을 제공한 것으로 여겨진다. 즉, 이전까지 개인적인 측면에서나 자녀와의 관계에서 심각한 갈등이나 문제를 경험하지 않은 다른 참여자들에게는 본 프로그램이 현재 상태에서 과거를 회고해 보면서 더 나은 발달을 위한 다짐의 시간이었으나, 자녀와 만성적인 갈등을 겪고 있었던 F씨는 본 프로그램을 통해 자녀와의 갈등을 냉철히 분석하는 과정을 거치면서 자신의 잘못을 수용해야만 하는 고통의 시간을 갖게 되었음을 알 수 있다. 물론 더 나은 변화를 위한 새로운 다짐과 각오, 긍정적인 방향으로의 행동의 변화가 교육의 궁극적인 목표이긴 하나, 자신에 대한 객관적인 평가를 통해 자신의 부정적인 측면을 수용하는 그 자체도 성숙된 변화를 위한 가장 기초적인 요소이므로 이 역시 교육의 효과로 인정하여도 큰 무리가 없는 것으로 여겨진다.

한편 B씨의 경우 F씨와 마찬가지로 큰아들과 심각한 갈등을 겪고 있어서, 자녀관계 만족도의 사전검사 결과 참여자들 중 최저의 점수를 보였으나, 사후검사에서는 12점이라는 최고의 상승을 보여, 본 프로그램의 교육적 효과를 확실하게 입증해 주었다. B씨와 F씨가 똑같이 자녀와 심각한 갈등을 겪고 있었지만, F씨가 자녀와의 관계에서 자신에게 문제가 있었다는 원인 규명에는 도달했지만 적극적인 변화를 수용하지 못함으로써 발전적인 방향으로의 행동변화로 진전되지 못한 반면, B씨는 프로그램 전 과정을 통해 자녀와의 갈등을 솔직하게 토로하고 조언을 구하려는 적극적인 자세를 보임과 동시에 자신의 문제점을 수용하여 긍정적인 방향으로 개선하려는 의지를 갖고 실천으로 옮겼다. 그 결과, 개별면접에서 스스로가 느낄 정도로 자녀와의 관계가 개선되었음을 지적했듯이, 객관적인 질문지를 통해서도 자녀와의 관계향상이 명백하게 입증되었다.

따라서 똑같이 중년기에 속하고 자녀들의 발달단계도 비슷한 중년기 주부들을 대상으로 프로그램을 실시했지만, 참여자 개개인의 인성특성과 가족환경의 차이에 따라 프로그램 내용의 수용과 그에 의해 변화를 보이는 양상은 다름을 알 수 있었다.

Ⅵ. 요약 및 결론

1. 요약 및 논의

1) 요 약

현대사회는 급속한 변화의 시기이다. 따라서 제도교육에서 벗어난 성인들이 이러한 변화를 수용하며 적극적으로 적응하기 위해서는 평생교육이 절실히 필요하게 되었다. 특히 자녀의 성장으로 여가시간이 증가한 중년기 주부들은 이미 오래 전에 학교교육을 끝마친 상태이며, 대부분이 전업주부로 사회의 변화를 인식할 기회가 드문 상태로 여겨진다. 그러나 이들을 위한 평생교육 차원에서의 프로그램들은 대부분 취미생활이나 일회성 강의위주에 그치고 있어 보다 체계적이고 지속적인 교육프로그램의 개발과 실시가 요구된다.

특히 중년기 주부들은 위로는 노부모 부양의 실질적인 수행자요, 아래로는 자녀의 성장과 발달을 책임지는 양육자로서, 상하 세대의 부양과 유대를 책임지는 가정의 파수꾼의 역할을 수행하고 있다. 따라서 가족의 행복, 나아가 사회의 안정에 구심점 역할을 수행하는 중년기 주부를 위해 가족과 관련된 내용을 주로 다루는 가족생활교육 프로그램의 개발과 실시는 그들 자신뿐만 아니라 가족과 사회의 안정을 위해서도 꼭 필요하다고 하겠다. 따라서 본 연구를 통해 그들을 위한 프로그램을 개발하고 실시하여 그들의 개인적·사회적 적응을 돕고자 한다.

기존의 가족생활교육 프로그램 대부분이 외국의 것을 그대로 사용하거나, 학습자들의 요구를 반영하지 않았던 한계점을 극복하기 위해 질문지를 이용해 중년기 주부들의 교육요구도를 조사한 결과, 자녀와의 관계향상에 대해 가장 높은 요구도를 보였으며, 중년주부 자신을 위한 교육요구도가 2위로 나타났다. 이를 바탕으로 본 연구에서는 자녀와의 관계향상을 주 목적으로 하면서 동시에 중년기 주부 자신의 심리적 복지감을 증진시키는데 기여할 수 있는 교육프로그램을 개발하였다.

성인발달 이론과 가족발달론적 관점을 이론적 근거로 한 중년기 발달과업과, 예비연구 결과의 요구도 우선순위 문항들을 중심으로 8단계의 프로그램을 개발하였는데, 그 중 두 단계는 중년기 특성에 대한 이해를 높이고 중년기 주부 자신의 자아존중감과 심리적 복지감을 증진시키는데 목적을 두었으며 나머지 여섯 단계는 성인자녀와의 관계향상을 지향하는 내용으로 구성하였다.

개발된 프로그램을 막내자녀가 고등학교 졸업 이상의 연령이며 본인 연령은 45세 이상 59세 이하인 8명의 중년기 주부들에게 일주일에 한 단계씩 두 달에 걸쳐 실시하였다. 프로그램의 평가를 위해 질문지를 이용해 사전·사후검사를 실시하였으며, 이와 함께 8단계를 마친 후 개인별 면접을 통해 프로그램의 교육적 효과를 분석하였다.

프로그램의 교육적 효과를 분석한 결과,

첫째, 중년기 주부들은 본 프로그램의 참여를 통해 지금까지 살아온 삶을 평가해 볼 자아성찰의 기회와 함께 자녀관계를 재정립하는 계기를 마련하였다. 또한 본 프로그램이 가족의 의미와 소중함을 다시 새길 수 있는 시간이었으며, 지금까지의 부부관계를 평가해 보고 노후를 계획하는 미래설계의 시간이기도 했다. 본 프로그램은 중년기 주부에게 자신과 성인자녀 관계에 대한 올바른 인식의 기회를 제공하여 중년기 주부의 개인적 성장과 성인자녀와의 관계개선이라는 목표를 추구하고자 했는데, 결과적으로 목표달성뿐만 아니라 나아가 부부관계의 향상과 행복한 노년기를 위한 다짐의 시간도 되었음을 알 수 있었다.

　참여자들은 프로그램 전 과정 중 특히 5단계의 자녀와의 세대차이의 수용 단계와 6단계의 쌍방적 의사소통의 중요성 이해 단계를 가장 인상 깊었던 단계로 공통적으로 지적하였다.

　둘째, 본 프로그램 참석을 통해 중년기 주부들은 개인적인 측면에서 자신의 인성특성을 객관적으로 판단해 볼 기회를 갖게 되어, 성격특성의 긍정적인 면을 강화하고, 부정적인 면을 긍정적으로 변화시키려는 각오를 하게 되었다. 또한 중년기 발달과업에 대한 새로운 지식습득의 기회를 가졌으며, 특히 에릭슨의 '생산성' 개념을 깊이 새기게 되어, 바람직하고 성숙된 중년기를 보낼 수 있는 토대를 마련하게 되었다.

　또한 본 프로그램이 대부분의 참여자들에게 자아존중감을 고양시키는 계기가 되어, 자신을 존중하기 위한 구체적이고 다양한 방법을 모색하게 하였다. 이는 질문지를 통한 사전·사후검사 결과에도 그대로 나타나 대부분의 참여자들이 프로그램 참여 후 자아존중감과 심리적 복지감의 향상을 보였다. 따라서 본 프로그램이 추구했던 '중년기 주부의 자아존중감 향상과 심리적 복지 증진'의 목표가 달성된 것으로 평가할 수 있다.

　셋째, 본 프로그램의 참석을 통해 중년기 주부들은 지금까지 자녀와의 관계를 객관적인 입장에서 평가해 봄으로써 권위적이거나 무관심했던 자녀에 대한 태도를 민주적으로 변화시키는 계기를 마련하여 자녀를 존중하게 되었다. 특히 생소했던 자녀의 발달과업에 대한 이해와 세대차이의 수용을 통해 성인자녀의 독립과 자율을 인정해야 할 필요성을 깊게 인식하여 성인자녀와 1 對 1의 인격적인 관계맺기를 위한 적극적인 자세도 보여 주었다. 또한 자녀에 대한 이해의 증진과, 갈등해결 방식에 있어서의 '타협'에 대한 인식을 통해 자녀와의 갈등을 보다 건설적인 방향으로 해결하려는 자세를 갖게 되었음을 높이 평가하였는데 이는 본 프로그램의 교육목표인 '자녀와의 관계향상'을 위한 핵심요소들을 모두 지적한 것으로, 이로써 본 프로그램의 교육목표가 달성되었다고 평가할 수 있다. 이는 대부분의 참여자들이 교육프로그램 참석 후 자녀관계 만족도의 상승을 보인 사후검사 결과에도 그대로 반영되어 나타났다.

그리하여 본 교육과정을 통해 중년기 주부들은 지금까지 학습하지 못했던 자녀와의 관계에 대한 지식과 기술을 획득함으로써 자녀와의 관계에서 자신감을 얻을 수 있었으며, 자녀에 대한 이해를 높여 자녀를 있는 그대로 수용하려는 자세를 갖게 되었다.

넷째, 참여자들은 이 프로그램을 통해 부부관계에 대한 반성과 함께, 부부관계의 중요성을 새롭게 인식하는 계기가 되어, 자녀의 독립에 따른 빈 둥우리기 이후를 대비하여 부부 둘만의 구체적인 노후를 계획하는 미래지향적인 자세를 보여 주었다. 한편 참여자들은 본 교육프로그램이 중년기 남성들에게도 필요함을 지적함으로써, 동년배인 남편이 중년기 발달과업을 함께 이해하고 수용하여 부부가 공동으로 가족생활의 질을 향상시키려는 의지를 엿볼 수 있었다. 또한 건설적인 갈등해결과정과 의사소통에서의 경청과 감정이입 등의 기술을 부부관계에도 적용시키려는 노력을 보여, 자녀와의 관계향상을 주 목적으로 한 본 프로그램이 자녀와의 관계향상 뿐 아니라, 배우자와의 관계 개선에도 효과가 있었음을 알 수 있었다.

결과적으로 본 프로그램을 통해 중년기 주부들은 개인적으로 자아존중감을 신장시키고 심리적 복지감의 증진을 경험했으며, 보다 폭넓은 이해와 대화를 바탕으로 자녀와의 관계를 향상시키게 되었다. 이는 질문지를 통한 사전·사후검사 결과에도 그대로 반영되어, 대부분의 참여자들이 사전검사보다 사후검사에서 점수의 상승을 보여 주었다. 그리하여 본 교육프로그램이 설정한 교육목표를 달성하였다고 평가할 수 있다.

한편 참여자들의 대부분은 집단의 인원수에 대해 만족스러워 했으며, 특히 다른 참여자들로부터 얻은 선행경험에 의한 조언과 위안은 그들의 중년기 적응에 중요한 자원으로 활용될 수 있음을 보여 주었다.

2) 논   의

프로그램 전 단계 중 참여자들이 자신의 성장보다는 자녀와의 관계개선을 위한 활동에 더 많은 관심을 나타내, 중년기 주부들이 자녀관계에 대해 가장 높은 교육요구도를 나타냈던 예비연구 결과를 재확인할 수 있었다. 따라서 중년기 주부들이 절대적으로 필요로 하는 성인자녀와의 관계개선을 위한 교육프로그램들이 지속적으로 개발되어야 하며, 특히 우리나라의 부모-성인자녀 관계의 특성을 충분히 반영하는 프로그램의 개발이 시급하다고 하겠다. 이를 위해서는 먼저 현재 거의 전무하다시피 한 미혼성인자녀와 중년기 부모와의 관계에 대한 이론적 연구들이 하루속히 이루어져, 이 시기에 중년기 주부들이 경험하게 되는 중요한 변화들 - 자녀의 군 입대·취업·혼전 주거독립·결혼 등 - 이 그들에게 어떠한 영향을 미치며, 이러한 변화에 어떻게 대처하는지를 등을 밝혀 줌으로써 프로그램 개발의 기초자료로 활용되어야 할 것이다.

또한 대부분의 참여자들이 중년기를 위기로 인식하기보다는 인생의 절정기로 인식함을 확인할 수 있었는데, 중년기에 대한 주부들의 긍정적 또는 부정적 인식 자체가 그들을 대상으로 하는 프로그램 개발 시 교육내용과 목표설정에 지대한 영향을 미치게 됨으로, 프로그램 실시과정에서 집단성원들의 중년기에 대한 인식 여하에 따라 교육자가 교육내용을 수정하거나 변화하는 융통성 있는 자세가 요구된다.

한편 프로그램 참석을 통해 참여자들은 자녀에 대해 권위적이었던 태도에서 벗어나 세대차이의 수용과 인격적인 관계맺기의 필요성을 깊게 인식하게 되었는데, 이는 프로그램 참석 이전까지는 여전히 자녀가 자신들의 소유물이며, 곧 부모로부터 독립해 나가야 할 어엿한 성인임을 자각하지 못하고 있었음을 의미하는 것이다. 즉, 중년기 주부들은 교육기회의 부족과 타성에 젖은 생활로 변화의 필요성조차 느끼지 못하고 있었지만, 변화에 대한 동기가 주어지면 얼마든지 변화를 적극적으로 수용할 자세를 보이므로, 그들의 변화를 이끌 이론에 바탕을 둔 체계적인 교육이 절실히 필요하다고 하겠다. 그리하여 학계에서의 지속적인 교육프로그램의 개발이 정부, 지방자치단체, 민간단체들과의 연계를 통해 모든 계층을 대상으로 계속적으로 실시되어 중년기가 구시대라는 오명에서 벗어날 수 있도록 도움을 주어야 할 것으로 생각된다.

또한 이번 교육을 통해 지금까지 인식하지 못했던 자녀를 위한 성교육의 필요성을 인식하게 되었다는 점은, 우리 사회의 젊은 세대들의 혼전 성문제나 미혼모 문제가 자녀세대들의 부주의와 무책임에서 비롯될 수도 있으나, 한편으로는 부모들이 이 부분에 대해 전혀 가정교육을 시키지 않은 결과로 야기되는 문제일 수도 있음을 시사한다. 따라서 중년기뿐만 아니라 전 연령층의 부모들을 대상으로 가족생활교육을 통해 사회의 변화에 따라 강화되어야 할 가정교육의 내용과 그 중요성을 인식시켜, 가정교육을 책임지는 부모들의 자질을 향상시켜야 할 것이며, 그렇게 될 때 점점 약화되고 있는 가정교육이 다시 제자리를 잡을 수 있을 것이라 생각된다. 이는 가정교육의 강화를 위해 부모나 성인의 교육의 질을 높이는 일이 시급하며, 특히 가족생활주기 이론을 근거로 각 단계에 알맞은 교육을 실시하여 가정교육이 올바로 이루어질 수 있도록 도와주어야 한다는 선행연구들(김충기·정채기, 1996: 최진복, 1988)을 지지하는 것이다.

한편 본 프로그램의 참여는 궁합의 절대성과 같은 자녀의 혼인에 대해 가졌던 중년주부들의 잘못된 편견도 불식시키는 계기가 되었는데, 이는 연령이 증가하면서 나타나는 인성특성인, 문제를 신비와 우연에 내맡겨 해결하려는 신비적 조절(윤진, 1993)의 지양을 의미하는 것으로 해석된다. 즉, 자녀의 결혼이 부모의 책임이라는 무거운 짐으로 인한 스트레스를 궁합이라는 외부의 힘에 의해 해결하다가, 본 프로그램을 통해 자녀의 결혼은 곧 그들의 선택이요 책임이며, 부모는 단지 바람직한 결혼생활을 보여줌으로써 그 책임을 다하는 것이라는 점을 인식하게 되었음을 알 수 있다. 이러한 인식은 개인별 면접에서 대부분의 참여자가 지적했듯이 바람직한 부부관계를 이끌어 갈 원동력이 되어 결국 참여자들은 스스로의 생활에 책임의식을 부여하고 보다 발전적인 방향으로 나아가려는 다짐을 하게 되었다. 이는 결국 문제를 스스로 해결하려는 능동적인 자세를 지니게 됨을 의미하는 것으로, 교육이 중년기 주부들의 환경에 대한 극복전략을 변화시키는데 기여한 것으로 사료된다.

이와 함께 중요한 점은 참여자들이 대화의 중요성을 깊이 인식하게 되어 자녀와의 갈등 자체가 줄어들었음을 평가한 점으로, 이는 교육을 통해 자녀문제에 대한 사후대처에서 사전예방으로의 변화를 경험하게 되었음을 의미한다(First & Way, 1995). 그리하여 가족생활교육이 당면한 가족문제 해결뿐 아니라 가족문제 예방에도 기여하여 생활의 질을 향상시킬 것으로 기대된다.

한편 본 프로그램을 통해 참여자들은 빈 둥우리기 이후를 대비하여 부부 둘만의 구체적인 노후를 계획하는 미래지향적인 자세를 보여 주었다. 이는 본 프로그램이 자녀의 독립에 의해 발생할 수 있는 빈 둥우리 증후군과 같은 부적응을 사전에 예방하는데 기여할 수 있음을 의미한다고 하겠다.

또한 다른 참여자로부터 얻은 선행경험에 의한 조언과 위안이 중년기 적응에 중요한 자원으로 활용될 수 있음을 보여 주었는데, 이는 성인교육은 일방적인 지식의 전달보다는 성인학습자들 간에 풍부한 경험을 공유하는 감정의 소통을 통해 상호 학습하는 것이 바람직하다는 연구결과들(김충기·정채기, 1996; 차갑부, 1993; Doherty, 1995; Hennon & Arcus, 1993)을 입증한 것으로, 앞으로의 가족생활교육도 소집단에서 학습자들 간의 토론방식으로 실시되어야 할 것으로 생각된다.

다음은 프로그램을 개발하고 실시한 연구자로서 몇 가지 사항을 논

의하고자 한다. 먼저 프로그램 자체의 문제점으로, 3단계의 활동3 '장
점세례'6)는 본 프로그램의 실시대상처럼 잘 아는 성원들 간에서는 원
활하게 수행할 수 있는 활동이나 모르는 집단에서는 수행하기 어려울
것이므로, 이를 대체할 수 있는 활동이 필요하다고 생각된다. 그러나
이 활동을 통해 참여자들이 자아존중감의 향상을 경험하였으므로 완전
히 삭제하기보다는 첫 인상에서 좋았던 점이나, 개인이 가지고 있으리
라 예상되는 잠재적 능력에 대해 이야기하는 방식으로 살릴 수 있으리
라 여겨진다.

또한 7단계에서는 활동1의 '자녀와의 갈등상황 분석하기'7)를 실시하
는 과정에서 활동2 '양승적 갈등해결법 실습'8)의 과정을 거의 거치게 되
므로 두 가지 활동 중 한가지만을 실시하여도 무방하리라 생각되었다.

한편 프로그램 개발 시에는 자녀와의 의사소통의 중요성(6단계)을
먼저 다루고 자녀와의 건설적인 갈등해결(7단계)을 다룸으로써 다시
한 번 의사소통의 중요성을 확인시킨다는 의도였으나, 프로그램 실시
과정에서 본 연구자가 느낀 바로는 자녀와의 갈등의 원인이 되는 세대
차이와 발달과업의 상이함을 다룬 후(5단계) 자녀와의 갈등해결을 다
루고(6단계) 그 다음 단계로 의사소통의 중요성(7단계)을 다루는 것이
교육내용상 더 연속성이 있으리라 여겨졌다.

다음은 본 연구자가 교육자로서 프로그램 실시과정을 통해 느낀 점으
로, 먼저 중요한 점은 각 단계마다 참여자들이 토론을 통해 자신들의 경
험과 새롭게 배운 지식을 한데 모아 결론을 도출해냈다는 점이다. 이는
중년기에는 그들의 지식과 경험을 종합하는 능력을 통해 일상생활의 문
제들을 해결하는 능력을 지니고 있음(Papalia. et al., 정옥분 역, 1994)을
입증한 것으로, 중년기 이후의 성인교육에서는 강의위주의 교육방식보다

---

6) 103쪽의 〈표9〉 참고.
7) 126쪽의 〈표13〉 참고.
8) 126쪽의 〈표13〉 참고.

는 학습자들의 경험을 중시하여 그들의 자발적인 참여를 유도해 내는 토론방식이 더욱 효과적임을 다시 한 번 확인한 것이다.

또한 참여자들이 강의보다는 활동에 많은 관심과 적극적인 참여를 보였으므로, 단계3의 활동2와 활동2-1[9]과 같이 비슷한 일련의 활동들을 여러 가지 준비하여 시간이 허락하는 한도 내에서 또는 참여자들의 성향에 따라서 활동을 선택하도록 하는 것도 바람직하리라 생각된다. 그리하여 일방적인 강의에 의한 지식위주의 교육이 아니라 학습자들이 다양한 활동을 수행하는 과정 속에서 스스로 깨우치도록 함으로써 그들의 잠재력을 충분히 발휘할 수 있도록 하여야 할 것이다.

프로그램 실시과정을 통해 가장 어려웠던 점은, 선행연구들(송정아, 1996; Hughes, 1994)도 지적했듯이 대상모집의 어려움이었다. 이를 해결하기 위해서는 효율적인 대상모집 방안에 대한 모색이 이루어져야 하는데, 그 일환으로 피교육자들에게 프로그램에 대한 정보를 제공할 방법론에 대한 연구와 함께, Hughes(1994)가 지적했듯이 홍보담당 마케팅 전문요원을 시급히 양성하여 일반인의 인지도를 높이는 마케팅 전략이 필요하다고 하겠다(최규련, 1997). 그러나 이러한 일은 시간과 경비가 많이 소요되므로, 우선은 개발된 프로그램을 대학부설 평생교육기관이나 기존의 문화강좌 주최의 여성단체들과 연계하여 실시하며, 반상회보, 종교단체의 회보 등과 같은 공공기관의 인쇄물을 통한 홍보도 함께 이루어져야 할 것으로 생각된다. 특히 경제력의 한계와 정보의 부족 등으로 교육의 필요성을 절실히 느끼면서도 교육혜택을 받지 못하는 저소득층을 위해서는 구청, 시청 등의 지방자치단체들과의 연계를 통해 무료로 교육을 실시하여야 할 것이다.

또한 참여자들도 지적했듯이 남성들에 대한 교육이 절실히 필요하므로, 정부기관과 기업체 등을 통해 사원복지 차원에서 이러한 교육을

---

9) 103쪽의 〈표9〉 참고.

제공토록 요청하는 적극적인 노력을 기울여야 할 것으로 생각된다.

프로그램 개발과정에서는 각 단계를 2시간으로 정하고 2시간 30분을 초과하지 않는다는 계획을 세웠으나, 참여자들의 적극적인 참여로 여덟 단계 중 네 단계가 2시간 30분을 초과하여 진행되었다. 이는 본 프로그램의 참여자들이 '茶道'를 배우는 등 지적 욕구가 강하며, 여가활동의 공동참여로 인한 친밀감에서 주저함이 없이 적극적으로 교육에 참여했기 때문으로 여겨진다. 따라서 교육적 효과를 높이기 위해서는 참여자들이 시간에 구애받지 않는 한 충분한 시간적 배려가 있어야 할 것으로 생각되나, 너무 장시간은 도리어 교육효과를 저하시킬 수 있으므로 교육자의 지혜로운 조정이 요구된다.

또한 연구자와 참여자들간의 긍정적인 피드백은 개인의 자아존중감 향상에 긍정적인 영향을 미쳐 교육에의 참여동기를 더욱 강화하였으므로, 제도교육에서 벗어난 지 이미 오래됐고 새로운 학습에 대한 두려움을 갖고 있는 중년기 주부들을 위해서는 긍정적인 피드백을 가능한 많이 제공함으로써 그 교육적 효과를 높일 수 있을 것으로 여겨진다.

한편 참여자들의 교육수준, 문화적 수준 등에 따라 강의내용을 이해하는 정도가 각기 달랐으므로, 초기 단계에서 피교육자들의 반응정도를 면밀히 분석하여 교육내용의 수준을 조정하는 작업이 이루어져야 할 것으로 생각된다. 또한 교육내용의 수용과 그에 의한 변화의 양상이 특히 개인의 성격특성에 따라 각기 달리 나타나, 적극적이고 긍정적인 성격의 소유자는 새로운 지식과 변화에 능동적인 자세를 취한 반면, 완고하고 보수적인 성격의 소유자는 새로운 지식을 수용하고 변화의 필요성에 대해서는 공감했지만 더 이상의 행동변화를 기대하기는 힘들었다. 여기에는 중년기까지 자신이 고수해 온 가치관과 행동을 갑작스럽게 변화시키는 것에 대한 두려움도 깔려 있는 듯 했다. 따라서 참여자들도 물론 지적했었지만, 인식의 변화를 행동의 변화로 이어지도록 하기 위해서는 보다 심도 있는 내용의 후속 프로그램이 지속적으로 실시되어야 할 것으로 생각된다. 이는 대부분의 교육프로그램이 단기적으로는 효과가 있으나 시간이 지남에 따라 그 효과가 감소하므로 후속 프로그램을 통해 효과를 지속시키며, 그리하여 프로그램 효과에 대한 장기종단적 연구도 가능하다는 견해(송정아, 1996)를 지지하는 것이다.

또한 F씨처럼, 교육과정 내내 자녀와의 갈등에 대해 구체적인 이야기를 피한 채 갈등의 존재 자체만을 인정하다가 결국 프로그램 종료 후 개인별 면접시간에 자녀와의 갈등과 현재 상황을 솔직하게 이야기하면서 조언을 구하는 경우도 있어, Hennon과 Arcus(1993)가 지적했던 상담과의 공조가 필요함을 느꼈다. 이는 실제 교육현장에서는 교육과 상담을 병행해야 할 사례를 많이 접하게 된다는 연구(최규련, 1997)를 입증한 것으로, 특히 F씨처럼 심각한 갈등을 겪거나 발생가능성이 높은 참여자들을 선별하여 상담을 병행시킴으로써 문제를 근본적으로 해결하도록 도와주어야 할 것이다.

한편 단일 프로그램의 모든 단계를 교육자 1인이 혼자 전담하기보다는 각 단계의 교육내용에 적합한 전문가가 함께 참여하는 것이 프로그램의 교육적 효과를 더 높일 수 있으리라 생각되었는데, 이를 위해서는 각 분야의 전문가들이 프로그램 개발부터 함께 참여하는 학제적 협동을 통하여 전문성과 효율성을 살리는 일이 시급한 것으로 여겨진다. 또한 본 프로그램 실시과정에서 교육자의 연령이 피교육자들보다 어렸기 때문에, 교육자가 피교육자들의 토론을 확실하게 끝내지 못했던 점과 피교육자에 의해 끌려가는 상황을 경험했으므로, 피교육자와 동년배인 교육자가 프로그램을 실시하는 것이 rapport 형성도 용이하고 교육적 효과도 더 높일 수 있을 것이라 생각되었다.

본 교육프로그램을 통해 중년기 주부들은 본 프로그램의 교육목적 달성이외에, 그들 세대의 배움에 대한 '한'을 충족시켰으며, 평생교육의 중요성을 확인하였고, 동료집단 속에서의 질적 교류를 통해 사회적 지원망을 획득할 수 있었다. 이러한 점들은 중년기 주부를 위한 가족생활교육의 필요성을 다시 한 번 입증하는 것이다. 따라서 지속적인 가족생활교육을 통해 이런 기능들이 충분히 발휘될 때 가족과 사회에서 중추적인 역할을 수행하는 중년기 주부들의 삶의 질이 향상될 것으로 여겨진다.

이상에서 분석된 본 프로그램의 교육적 효과는 주로 개인별 면접에 의한 질적 평가에 의해 밝혀진 것으로, 양적 평가만으로는 파악해 낼 수 없는 결과들이다. 따라서 앞으로의 가족생활교육 프로그램들은 프로그램이 의도했던 목표 이상의 결과를 얻을 수 있는 질적 평가(First & Way, 1995)를 이용함으로써, 그 교육적 효과를 세밀하게 분석할 수 있을 뿐 아니라 후속 프로그램의 질적 향상에 기여하게 될 것이며, 이는 곧 기존연구들에서 부족하거나 입증되지 않은 부분들에 대한 실증자료를 얻을 수 있는 기회가 되기도 할 것이다.

한편 본 프로그램의 참여로 가정관리학과에 대해 새롭게 인식하는 場이 되었음도 알 수 있었으므로, 가정학의 실천학문적 특성과 사회봉사의 기능을 살리기 위해서 뿐 아니라 가족생활교육 프로그램 관련학과의 홍보와 발달을 위해서도 계속적인 프로그램의 개발과 실시가 이루어져야 할 것이라 생각된다.

2. 결론 및 제언

이상의 연구결과를 토대로 다음과 같은 결론을 내릴 수 있다.

첫째, 본 프로그램은 중년기 주부에게 자아성찰의 기회와, 자녀관계를 재정립하는 계기가 되었으며, 가족의 의미와 소중함을 새기고, 부부관계를 재평가하고 노후를 계획하는 미래설계의 시간이었다.

둘째, 중년기 주부는 본 프로그램을 통해 개인적으로 성격특성을 긍정적으로 변화시키려는 각오와 함께, 사회의 발전에도 이바지할 수 있는 '생산성'에 대한 새로운 인식의 기회를 통해 바람직하고 성숙된 중년기를 보낼 수 있는 토대를 마련하였으며, 자아존중감을 고양시키는 계기가 되었다.

셋째, 자녀와의 관계에서 중년기 주부가 느낀 본 프로그램의 효과는, 자녀와의 세대차이의 수용에 따른 자녀와 신세대에 대한 이해 증진과, 민주적인 자녀관의 확립을 통해 자녀와 인격적인 관계맺기를 위한 다짐을 하였으며, 대화의 중요성을 인식함으로써 자녀와의 갈등을 보다 건설적인 방향으로 해결하려는 자세를 갖게 되었다. 또한 자녀에 대한 교육에의 참여 자체는 자녀와의 관계에서 자신감과 여유로움을 가져다주었다.

넷째, 참여자들은 본 프로그램을 통해 부부관계의 중요성을 새롭게 인식하게 되었으며, 자녀의 독립에 따른 빈 둥우리기 이후를 대비하여 부부의 노후를 계획하는 미래지향적인 자세를 보여 주었다.

결론적으로 본 프로그램을 통해 중년기 주부들은 개인적으로 자아존중감을 신장시키고 심리적 복지감의 증진을 경험했으며, 보다 폭넓은 이해와 대화를 바탕으로 자녀와의 관계를 향상시키게 되었고, 배우자와의 관계개선을 위해 노력하게 되었다. 이 외에도 배움에 대한 '한'의 충족과, 평생교육의 필요성 확인, 동료집단원간의 질적 교류를 통한 사회적 지원망의 획득 등의 교육적 효과도 얻을 수 있었다.

그리하여 본 프로그램은 중년기 가족의 생활의 질 향상뿐만 아니라 사회의 통합과 발전에도 이바지할 것으로 생각된다.

한편 본 연구가 교육요구도를 기초로 한 프로그램의 개발과 실시, 평가까지 이어지는 체계적인 과정을 통해 현재 거의 전무하다시피 한 중년기 주부를 위한 교육프로그램을 개발하고 그 교육적 효과를 입증하였으므로, 앞으로의 가족생활교육 프로그램 개발과 실시를 위해 초석이 되리라 여겨진다.

그러나 본 연구는 소집단에 대한 1회 평가로 프로그램의 효과를 일반화하는데 있어서의 한계점과, 추후면접을 통해 교육적 효과가 어느 정도 지속되었는지를 밝히지 못한 점, 피교육자들의 자녀를 대상으로 어머니와의 관계에 대한 만족도 변화를 측정해 보지 못한 점 등의 제한점을 갖는다.

이런 제한점과 연구결과를 토대로 다음과 같은 제언을 하고자 한다.

첫째, 똑같은 중년기에 속한다 할지라도 각기 다른 자원보유 수준에 따라 상이한 교육요구를 나타내므로, 계층, 학력, 가족형태, 가족성원 등의 요인에 따라 선호하는 교육내용과 실시방법을 고려함으로써 교육적 효과를 높이며, 보다 많은 중년기 주부들이 참여할 수 있는 기회를 제공하여야 할 것이다.

둘째, 중년기를 자녀의 발달단계에 따라 대학교육기, 미혼기, 기혼자녀기 등으로 나눌 수 있으므로, 각 단계마다의 발달과업을 중심으로 프로그램을 개발하고 실시하여 후속 프로그램을 지속적으로 제공할 수 있도록 하여야 할 것이며, 더 나아가 노년기 준비에 관한 교육프로그램도 개발·실시되어야 할 것이다.

셋째, 중년기 주부뿐만 아니라 그들의 자녀인 성인자녀를 대상으로 부모를 이해할 수 있는 교육프로그램을 개발하여 실시하거나, 부모와 성인자녀가 함께 참여할 수 있는 교육프로그램을 개발하고 실시함으로써 세대 간의 화합을 이룩하는데 기여해야 할 것으로 생각된다.

넷째, 앞으로는 중년기 주부들이 조부모로 보내는 시간이 점점 길어지게 될 것이므로 바람직한 조부모 역할에 대한 교육프로그램의 개발과 실시도 이루어져야 할 것이다.

다섯째, 중년기 남성이 프로그램에 참여할 수 있도록, 기업체와 공공기관, 남성단체들과의 연계가 필요하며, 특히 그들의 시간부족을 해결하기 위해서는 인터넷을 통해 가족생활교육 프로그램을 제공하는 것도 좋은 방법이라 생각된다.

여섯째, 구조적인 커리큘럼 없이 중년기 주부들 중 비슷한 문제를 갖고 있는 사람들의 자발적인 소집단 모임을 통해 그들이 토론하고자 하는 주제들을 선정해서 집단토론을 행하게 함으로써 문제의 원인을 밝히고 문제를 해결하는 과정을 갖도록 하는 방법도 가족생활교육의 한 모형으로 이용할 수 있을 것이다. 이 경우 참여자들은 집단모임에 충분한 동기를 가지고 있는 사람들이므로 더 많은 자료를 획득할 수 있을 것이며, 이를 통해 중년기를 대상으로 한 보다 많은 프로그램 개발의 기초자료 수집도 가능할 것이다.

일곱째, 중년기 주부들의 교육요구도를 주기적으로 재평가하여 후속 프로그램 개발에 반영함으로써 그들의 욕구충족 및 자아실현에 실질적인 도움을 주어야 할 것이다.

참고 문헌

강정희(1996). 중년기 여성의 위기감 적응을 위한 사회교육 프로그램 개발. 이화여대 석사학위논문.

고성혜(1985). 부모와 자녀간의 대화, 박금순(편), 사단법인 한국부인회 총본부.

공선영(1993). 중년주부의 생활양식에 관한 연구. 이화여대 석사학위논문.

권두승(1995). 평생교육론. 서울: 교육과학사.

김경신(1996). 행정기관에서의 가족생활교육의 실태 및 요구도 분석을 통한 발전 방향 모색: 광주, 전남지역을 대상으로. 대한가정학회지. 34(6). 141-154.

김경희(1987). 집단상담이 중년기 여성의 자아실현에 미치는 효과. 계명대 석사학위논문.

김동위(1996). 성인교육학. 서울: 교육과학사.

김명자(1989). 중년기 위기감 및 그 관련변인에 관한 연구. 이화여대 박사학위논문.

김명자(1992). 중년기 연구. 서울: 교문사.

김명자·송말희(1998). 중년기 주부의 가족관계향상을 위한 가족생활 교육 요구도 분석. 대한가정학회지. 36(3). 61-75.

김미진(1995). 중년기 여성이 지각한 가족스트레스와 생활만족도와의 관계. 고대 석사학위논문.

김선남(1997). 개인성장. 관계발달. 가족기능화. 서울: 중앙적성출판사.

김수일(1995). 사회교육방법론. 서울: 박영사.

김순옥(1997). 부모교육 프로그램: 자녀와의 대화법. 가족생활교육의 과제와 전망 한국가족관계학회 추계 학술대회 자료집. 47-64.

김순옥·송현애(1998). 자녀와의 대화를 위한 부모교육 프로그램의 모형개
　　발 및 효율성 연구. 한국가족관계학회지. 3(1). 93-119.

김양희(1993). 한국가족의 갈등연구. 서울: 중앙대 출판부.

김영숙(1990). 세대 간 가치의 차이점과 유사점에 관한 연구. 고대 석사학
　　위논문.

김애순·윤진(1997). 청년기 갈등과 자기이해. 서울: 중앙적성출판사.

김애순(1993). 중년기 위기감(3): 개방성향과 직업, 결혼, 자녀관계가 중년
　　기 위기감에 미치는 영향. 한국노년학. 13(2). 1-14.

김오남·김경신(1994). 어머니와 청소년 자녀의 의사소통 유형 지각과 가
　　족스트레스. 대한가정학회지. 32(3). 105-119.

김재은(1974). 한국가족의 심리. 서울: 이화여대 출판부.

김재인(1987). 후기성인의 사회교육적 학습참여와 생활만족도와의 관계탐
　　구. 이화여대 박사학위논문.

김종서·남정걸·정지웅·이용환(1982). 평생교육의 체제와 사회교육의 실
　　태. 연구논총 82-7. 한국정신문화연구원.

김충기·정채기(1996). 평생교육의 이론과 실제. 서울: 교육과학사.

김태현·전길양(1996). 치매노인 가족을 위한 교육프로그램의 개발에 관한
　　연구. 한국가정관리학회지. 14(2). 77-96.

김태희(1995). 어머니와 청소년 자녀의 관계만족도-청소년 발달, 중년기
　　변화, 대학입시와 관련하여-. 연대 석사학위논문.

김현순(1993). 중년여성의 자아정체감과 우울성향과의 관계. 서울여대 석
　　사학위논문.

김활란(1995). 중, 노년기 부부의 사랑과 자녀에 대한 애착 및 자율성과의
　　관계. 이화여대 석사학위논문.

박승옥(1992). 목회상담학적 접근으로서의 중년기 가족성장에 관한 연구.
　　이화여대 석사학위논문.

박은주·김경신(1995). 어머니와 청소년 자녀가 지각하는 의사소통 유형과

가족응집성 및 적응성. 대한가정학회지. 33(5). 27-38.

박제현(1993). 청소년기의 분리-개체화와 자아정체감, 학교 및 가정생활에 대한 적응간의 관계. 계명대 박사학위논문.

백양희・최외선(1997). 환경변인 및 내적통제력, 부모와의 의사소통이 청소년의 스트레스에 미치는 영향. 대한가정학회지. 35(2). 33-48.

송애리(1997). 갱년기 여성들의 폐경 관리 수행에 관한 연구. 대한폐경학회지. 3(2). 140-160.

송정아(1996a). 중년기 부부관계 향상 프로그램. 한국가정관리학회지. 14(1). 113-130.

송정아(1996b). 사회심리적 변인에 의한 중년기 부부의 위기감 연구. 대한가정학회지. 34(1). 79-92.

송정아(1997). 부부관계향상 교육의 기초, 한국가족상담교육연구소, 한국가족관계학회편. 가족생활교육사 2급 연수과정 교재. 135-145.

송정아・윤명선(1997). 청소년 자녀와 부모의 관계향상 프로그램 모형. 한국가정관리학회지. 15(1). 71-82.

송정아・전영자・김득성(1998). 가족생활교육론. 서울: 교문사.

신기영・옥선화(1991). 중년기 주부의 위기감과 사회관계망 지원에 관한 연구. 한국가정관리학회지. 9(1). 161-178.

안복심(1996). 도시주부의 여가활동과 사회교육. 한대 석사학위논문.

여성한국사회연구회편(1995). 가족과 한국사회. 서울: 경문사.

예창명(1996). 중년기 주부의 취업여부에 따른 가족생활교육 요구도 분석. 숙명여대 석사학위논문.

오윤자(1992). 가족생활프로그램 개발을 위한 기초연구II. 한국가정관리학회지. 10(2). 209-232.

오윤자(1994). 가족생활프로그램 개발을 위한 연구: 부부관계향상 프로그램을 중심으로. 경희대 박사학위논문.

유성은(1997). 완벽주의적 성향, 사회적지지, 스트레스에 대한 대처방식이 중년여성의 우울에 미치는 영향. 고대 석사학위논문.

유영주(1991). 건전가정 육성을 위한 가족복지 프로그램 개발에 관한 연구. 한국가정관리학회지. 9(1). 45-64.

유영주·서동인·홍숙자·전영자·오윤자·이인수(1995). 결혼과 가족. 서울: 경희대 출판부.

유영주·오윤자(1990). 가족생활 프로그램 개발을 위한 기초연구(1). 한국가정관리학회지. 8(2). 49-68.

유영주·오윤자(1994). 부부관계 향상 프로그램 개발연구. 한국가정관리학회지. 12(2). 205-218.

유영주·오윤자(1998). 가족생활교육 프로그램 개발, 한국가족관계학회편, 가족생활교육-이론 및 프로그램-. 서울: 하우.

유영주·이순형·홍숙자(1990). 가족발달학. 서울: 교문사.

유은희(1998). 청소년 자녀의 부모교육, 가족생활교육-이론 및 프로그램-. 한국가족관계학회편. 서울: 하우.

유은희·홍숙자(1998). 부모교육 프로그램. 대한가정학회지. 36(1). 157-168.

유은희·홍숙자·전길량(1996) 중년며느리를 위한 교육프로그램. 한국가족상담교육연구소 편, 고부관계향상 교육프로그램. 32-48.

유지영·김명자(1996). 중년기 부인의 사회적 지원과 생활만족도에 관한 연구. 한국가정관리학회지. 14(3). 151-165.

윤명선(1990). 사회교육으로서의 부모교육 Program 개발에 관한 연구. 성균관대 석사학위논문.

윤종희(1996). 부모교육의 기초. 한국가족상담연구소, 한국가족관계학회 [가족생활교육론] 가족생활교육사 2급 연수과정 연수교재.

윤 진(1993). 성인·노인심리학. 서울: 중앙적성출판사.

이기숙(1996). 중년기 여성의 사회활동에 관한 일 고찰. 한국가정관리학회지. 4(1). 63-176.

이동원 외 11인(1997). 우리 이웃 열한 가족 이야기. 서울: 이화여대 출판부.

이상원(1986). 도시 중년여성의 성인교육 요구분석 및 그 내용을 위한 일 연구. 연대 석사학위논문.

이성배·채석봉(1995). 가족 및 부부의 심리와 성장. 대구: 효성카톨릭대학교 출판부.

이시연(1995). 중년기 여성을 대상으로 하는 집단사회사업 프로그램을 위한 기초연구 -자녀를 둔 중년기 부인의 욕구를 중심으로-. 서울여대 석사학위논문.

이연숙(1998). 성인을 위한 가족생활교육론. 서울: 학지사.

이원숙(1992). 사회적 관계망·사회적 지지와 임상적 개입의 이론연구. 이화여대 박사학위논문.

이정숙·김유광·서병숙(1995). 청년기 자녀의 갈등에 관한 연구. 한국가정관리학회지. 13(1). 199-206.

이정우(1997). 중년기 기혼여성의 여가태도와 여가행동이 생활만족에 미치는 영향. 한국가족자원경영학회지. 1(2). 79-96.

이주옥(1993). 청소년 자녀와 부모의 갈등에 관한 질적 연구 -갈등의 유형, 해석 및 그 해결방식을 중심으로-. 연대 박사학위논문.

이재창(1995). 자기성장과 인간관계: 자기성장을 위한 집단상담 프로그램. 서울: 한국가이던스.

이정연(1998). 가족생활교육의 본질. 가족생활교육 -이론 및 프로그램-. 한국가족관계학회편. 서울: 하우.

이춘재 외 8인(1997). 청년심리학. 서울: 중앙적성출판사.

이혜숙(1992). 도시 중년주부들의 위기감과 학습욕구. 홍익대 석사학위논문.

장하경·서병숙(1992). 중년기 여성의 우울증에 관한 연구. 한국가정관리학회지. 10(2). 263-276.

장호선(1987). 부모-자녀간의 개방적 의사소통에 관한 연구(청소년기 자녀를 중심으로). 성심여대 석사학위논문.

장휘숙(1996). 청년심리학. 서울: 장승.

장휘숙(1997). 가족심리학 -가족관계의 발달-. 서울: 박영사.

정방자(1993). 부모역할 효율화 훈련이 母-子 관계 및 母子의 자아개념에
　　　미치는 영향. 효성여대 석사학위논문.

정윤경(1997). 부모-자녀간 의사소통과 청소년의 행동유형결정. 숙대 석사
　　　학위논문.

정은희(1993). 부모로부터의 독립과 대학생활 적응과의 상관연구. 연대 석
　　　사학위논문.

정지웅·김지자(1986). 사회교육학개론. 서울: 서울대 출판부.

조병은 외 8인(1995). 세대를 통해서 본 모-자녀 애착관계와 사회적 능력:
　　　전 생애적 접근. 한국가정관리학회지. 13(2). 86-93.

조용하(1992). 신 사회교육방법론 강의. 서울: 교육과학사.

조윤옥(1994). 부모역할훈련이 중년기 여성의 가족 내 심리적 관계와 자아
　　　정체감에 미치는 효과. 한남대 석사학위논문.

조흥식(1995). 가족 간의 문제인식 및 해결방법. 한국가족학회 춘계학술대
　　　회자료집 -가족의 관계역동성과 문제 인식-. 41-56.

진미정(1993). 중년기 여성의 어머니 역할수행 부담과 심리적 복지. 서울
　　　대 석사학위논문.

차갑부(1993). 성인교육방법론. 서울: 양서원.

최규련(1996). 가족학적 관점에서 본 청소년 문제와 대책. 대한가정학회지.
　　　34(1). 147-160.

최규련(1997). 가족생활교육의 과제와 전망. 한국가족관계학회 추계 학술
　　　대회 자료집. 1-22.

최보가·전귀연(1993). 자아존중감 척도 개발에 관한 연구(1). 대한가정학
　　　회지. 31(2). 41-54.

최운실(1993). 사회변동과 청소년문화. 사회변화와 청소년의 인간다운 삶.
　　　한국청소년교육연구소. 33-34.

최원배(1994). 도시주부들의 여가활동 실태와 사회교육적 요구. 전남대 석

사학위논문.

최진복(1988). 가정생활 내용을 중심으로 한 평생교육에 관한 연구 -경기도 광주읍을 중심으로-. 이대 석사학위논문.

통계청(1996). 인구 및 주택 총 조사보고서.

한국가족관계학회(1997). 가족생활교육: 이론 및 프로그램. 서울: 하우.

한국성인교육학회(1998). 앤드라고지: 현실과 가능성. 서울: 학지사.

한국여성개발원(1997). 성인여성건강 교육실태와 교육프로그램 개발. 97 연구보고서 230-213.

한국청소년개발원(1996). 프로그램의 개발과 운영. 서울: 인간과 복지.

한미선(1992). 중년기 부인의 자녀문제로 인한 스트레스, 대처방안과 심리적 적응간의 관계. 숙대 석사학위논문.

한정란(1993). 노인교육 교과과정 개발 실천연구. 연대 박사학위논문.

현온강(1993). 어머니의 부모역할 만족도와 관련변인. 동국대 박사학위논문.

홍숙자·유은희·전길양(1996). 중년며느리를 위한 고부관계향상 교육프로그램. 대한가정학회지. 34(5). 293-305.

홍숙자·이형실·전길양(1995). 성인자녀를 위한 노인부양 교육프로그램. 대한가정학회지. 33(5). 197-209.

Abell, E. & Ludwig, K. B.(1997). Developmental considerations in designing parenting education for adolescent parents. J of Family and Consumer Sciences. 89(2). 41-44.

Acock, A. C. & Bengtson, V. L.(1980). Socialization and attribution process: actual versus perceived similarity among parents and youth. J of Marriage and the Family. 42. 487-495.

Alder, A. P.(1990). Identity, intimacy and marital satisfaction in mid-life marriages. Virginia Polytechnic Institute and State University.

Arcus, M. E.(1987). A framework for life-span family life education.

180

Family Relations. 36. 5-10.

Arcus, M. E.(1992). Family life education: Toward the 21st century. Family Relations. 41. 390-393.

Arcus, M. E., Schvaneveldt, J. D. & Moss, J. J.(1993). Handbook of family life education Vol. I: Foundation of family life education. SAGE Publication Inc. 이정연·장진경·정혜정 옮김(1996). 가족생활교육의 기초. 서울: 하우.

Arcus, M. E., Schvaneveldt, J. D. & Moss, J. J.(1993) Handbook of family life education Vol. II: The Practice of family life education. Newbury Park, CA: Sage. 1993. 이정연·장진경·정혜정 옮김(1997). 가족생활교육의 실제. 서울: 하우.

Back, N. & Scott, J.(1993). She's leaving home: but why? An analysis of young people leaving the parental home. J of Marriage and the Family. 55. 863-874.

Barber, C. E.(1981). Parental responses to the empty-nest transition. J of Home Economics. summer. 32-33.

Barnes H. L. & Olson, D. H.(1995). Parent-adolescent communication and the circumplex model. Child Development. 56. 438-447.

Binger, J. J.(1985). Child Relations: An introduction to parenting. 2th ed. Macmillan Publishing Company.

Binger, J. J.(1993). The Individual and family development: A life span interdisciplinary approach. Prentice Hall Inc.

Boone, E. J. Developing programs in adult education. 권두승·김미숙 옮김(1997). 사회교육 프로그램 개발론. 서울: 교육과학사.

Branden, N.(1992). The power of self-esteem. Health Communication Inc. 홍현숙 옮김(1993). 내가 말할 수 없는 것을 그대가 들을 수만 있다면. 서울: 도솔.

Callan, V. J. & Nollar, P.(1986). Perceptions of communicative relationships in families with adolescents. J of Marriage and the Family. 48.

Collins, R.(1990). Sociology of marriage and the family: Gender, love and property. 2th ed. Nelson-Hall Inc.

Davidson, J. K. & Moore, N. B.(1996). Marriage and family: Change and continuity. Allyn and Bacon.

Diehl, M., Coyle, N. & Labouvie-Vief.(1996). Age and sex differences in strategies coping and defense across the life span. Psychology and Aging. 11(1). 127-139.

Doherty, W. J.(1995). Boundaries between parents and family life education and family therapy: The level of family involvement model. Family Relations. 44. 353-358.

Donna E., Palladino Schulthesis & Blustein D. L. (1994). Role of adolescent-parent relationships in college students development and adjustment. J of Counselling Psychology. 41(2). 248-255.

Duncan, L. E. & Agronick, G. S.(1995). The intersection of life stage and social events: Personality and life outcomes. J of Personality & Social Psychology. 69(3). 558-568.

Duvall, E. M.(1988). Family development's first forty years. Family Relations. 37. 127-134.

Duvall, E. M. & Miller, B. C.(1985). Marriage and the family development, 6th ed., N. Y: Harper & Row.

Earhart, E. M.(1980). Parents education: A lifelong process. J of Home Economics. spring. 39-43.

Ellicott, A. M.(1985). Psycho-social changes as a function of family cycle phase. Human Development. 28.

Ewy, D. Preparation for parenthood. A Signet Book New American Library. 김진숙·조문숙 옮김(1993). 참 부모 역할. 서울: 학문사.

First, J. A. & Way, W. L.(1995). Parent education outcomes: Insights into transformative learning. Family Relations. 44. 104-109.

Gecas, V. & Seff, M. A(1990). Families and adolescents: A review of the 1980s. J of Marriage and the Family. 52. 941-958.

Glass, J. & Bengtson, V. L.(1986). Attitude similarity in three-generation families: Socialization, status inheritance, or reciprocal influence. American Sociological Review. 51. 685-698.

Goldscheider, F. & Goldscheider, C.(1993). Whose nest? a two generational view of leaving home during the 1980s. J of Marriage and the Family. 55. 851-862.

Graber, A. L.(1991). Female life-span development: The transition to mid-life. Northern Arizona University.

Grotevant, H. D. & Cooper, C. R.(1985). Pattern of interaction in family relationships and the development of identity in adolescence. Child Development. 56. 415-428.

Havemann, E. & Lehtinen, M.(1986). Marriage and families: New problems and Opportunities. Prentice-Hall.

Hawkins, E. B.(1978). Effects of empty nest transition on self-report of psychological well-being. J of Marriage and the Family. 40. 549-556.

Hennon C. B. & Arcus, M. E.(1993). Life-span family life education. Family Relations: Challenges for the future. ed. by Brubaker, T. H. SAGE Publications.

Hoffman, J. A.(1984). Psychological separation of late adolescents from their parents. J of Counselling Psychology. 31(2). 170-178.

Hughes, R. Jr.(1994). A Framework for developing family life education programs. Family Relations. 43. 74-80.

Jory, B., Rainbolt, E., Kams, J. T., Freeborn, A. & Green C. V.(1996). Communication patterns and alliance between parents and adolescents during a structured problem-solving task. J of Adolescence. 19. 339-346.

Kenny, M. E. & Donaldson, G. A.(1991). Contributions of parental attachment and family structure to the social and psychological functioning of first-year college students. J of Counselling Psychology. 38(4). 479-486.

Kimmel, D. C.(1980). Adulthood and Aging. N. Y.: John wiley & Sons Inc.

Klohnen, E. C. & Vandewater, E. A.(1996). Negotiating the middle years: Ego-resiliency and successful mid-life adjustment in women. Psychology and Aging. 11(3). 431-442.

Lamanna, M. A. & Riedman, A.(1994). Marriage and family: Making choices and facing changes. Wadsworth Publishing Company.

Lapsley, D. K., Rice, K. G. & Shadid, G. E.(1989). Psychological separation and adjustment to college. J of Counselling Psychology. 36(2). 286-294.

Lenz, E.(1980). Creating and marketing programs in continuing education. McGraw-Hill Company.

Leveant, R. F.(1987). The Use of marketing techniques to facilitate acceptance of parent education program: A case example. Family Relations. 36. 246-251.

Levinson, D. J., Darrow, C. N. & Klein, E. B.(1978). The seasons of a man's life. N. Y.: Ballantine Books. 김애순 옮김(1996). 남자가 겪는 인생의 사계절. 서울: 이화여대 출판부.

Linda, R. F.(1994). Mothering: Ideology, experience and agency. Routledge. N. Y., London.

Lopez, F. G., Campbell, V. L. & Watkins, E. C.(1988). Family structure, psychological separation, and college adjustment: A canonical analysis and cross-validation. J of Counselling Psychology. 35(4). 402-409.

Marta, E.(1997). Parent-adolescent interactions and psycho-social risk in adolescents: An analysis of communication, support, and gender.

J of Adolescence. 20. 473-487.

McAdams, D. P. & Aubin, E.(1992). A theory and it's assesment through self-report, behavioral acts, and narrative themes in autobiography. J of Personality & Social Psychology. 62(2). 1003-1015.

Menaghan, E.(1983). Marital stress and family transitions: A panel study. J of marriage and the Family. 45. 371-386.

Minuchin, S.(1974). Families and family therapy. Havard University Press. 김종옥 역(1990). 가족과 가족치료. 서울: 법문사.

Moore, N.(1993). Life-span development and family life educators: Directing the drama of change and continuity. NCFR catalog. 123-128.

Newman, B. M. & Newman, P. R.(1979). Development through life: A psycho-social approach, 2th ed. The Dorsey Press.

Noller, P. & Taylor, R.(1989). Parents education and family relations. Family Relations. 38. 196-200.

Papalia, D. E. & Olds, S. W.(1978). Human development. International Student Ed.

Papalia, D. E. & Olds, S. W.(1995). Human development. N. Y.: McGraw-Hill. Inc.

Papalia, D. E., Olds, S. W. & Feldman R. D.(1989). Human development. N. Y.: McGraw-Hill. Inc. 정옥분 역(1992). 인간발달 II. 서울: 교육과학사.

Peterson, B. E. & Klohnen, E. C.(1995). Realization of generativity in two samples of women at mid-life. Psychology and Aging. 10(1). 20-29.

Postlethwait, S. N., Novak, J. & Murray, H. T.(1972). The audiotutorial approach to learning, 3th ed. Minneapolis: Burgess Publishing Company.

Raluger, G. & Kaluger, M. F.(1979). Human development: The span of life, 2th ed. The C. V. Mosby Co.

Rice, K. G., Cole, D. A. & Lapsley, D. K.(1990). Separation-individuation, family cohesion, and adjustment to college: Measurement validation & test of a theoretical model. J of Counselling Psychology. 37(2). 195-202.

Riley, M. W.(1987). On the significance of age in sociology. American Sociological Review. 52. 1-4.

Roberts, T. W.(1994). A Systems perspective of parenting: The individual, the family and the social network. Brooks/Cole Publishing Company.

Roosa, M. W.(1991). Adolescent pregnancy programs collection: An introduction. Family Relations. 40. 370-372.

Rosenberg, M.(1965). Society and adolescent self-image. Princeton, N. J.: Princeton University Press.

Rubin, R. Women of a certain age. 김용미 역(1990). 중년여성의 좌절과 홀로 서기. 서울: 정우사.

Simons, J. A., Kalichman, S. & Santrock, J. W.(1994). Human adjustment. Wm. C. Brown Communication, Inc.

Silverberg, S. B. & Steinberg, L.(1990). Psychological well-being of parents with early adolescent children. Developmental Psychology. 26(4).

Small, S. A. & Eastman, G.(1991). Rearing adolescents in contemporary society: A conceptual framework for understanding the respon-sibilities and needs of parents. Family Relations. 40. 455-462.

Steinberg, L. D.(1987). Recent research on the family at adolescence: The extent and nature of sex differences. J of Youth and the Family. 16(3).

Stewart, A. J. & Healy, J. M.(1989). Linking individual development women's life pattern. American Psychologist. 44. 30-42.

Strong, B., DeVault, C., Suid, M. & Reynolds, R.(1983). The marriage and family experience, 2th ed. West Publishing Company.

Sullivan, K. & Sullivan, A.(1980). Adolescent-parent seperation. Develop-

186

mental Psychology. 16(2). 93-99.

Thomas, J. & Arcus, M. E.(1992). Family life education: An analysis of concept. Family Relations. 41. 390-393.

Umberson, D.(1989). Relationships with children: Explaining parents' psychological well-being. J of Marriage and Family. 51. 999-1012.

Vailliant, C. O. & Vaillant, G. E.(1993). Is the U-curve of marital satisfaction all illusion?: A 40-years study of marriage. J of Marriage and the Family. 55. 230-239.

Walls, J. M.(1993). Understanding developmental needs and stages. NCFR catalog. 341-358.

Waterman, A. S.(1982). Identity development from adolescence to adulthood: An extension of theory and a review of research. Developmental Psychology. 18(3). 341-358.

White, L. & Edwards, J. N.(1990). Empty the nest and parental well-being: An analysis of national parent data. American Sociological Review. 55. 235-242.

Wilfrid, J. & Zander, V.(1993). Human development, 5th ed. N. Y.: McGraw-Hill. Inc.

Williams, J. H.(1979). Psychology of women: Selected readings. W. W. Norton & Company. New York · London.

<부록1> 사전·사후 질문지

설 문 지

안녕하십니까?

바쁘신 가운데 '성인자녀와의 관계향상을 위한 중년기 가족생활교육 프로그램'에 참석하여 주셔서 대단히 감사합니다.

본 교육프로그램을 통해 중년기 여성들에게 자신의 삶을 되돌아보고 가족의 소중함을 다시 한 번 일깨울 수 있는 소중한 기회를 제공하고자 합니다.

인생을 되돌아 볼 시기에 서 있는 중년기 주부들에게 과거를 회고해 보고, 현재를 넉넉한 마음으로]받아들이면서 더 밝은 미래를 계획하는데 도움을 드리고자 하며, 특히 중년기 주부들이 평생을 통해 가장 소중히 여기는 자녀와의 관계를 보다 성숙한 관계로 발전시키기 위한 교육의 장을 마련코자 합니다.

다음의 질문들은 교육프로그램의 효과를 알아보기 위해, 중년기 주부들의 심리적 복지 정도와 자녀와의 관계를 조사하기 위하여 작성된 것으로, 중년기 가족을 위한 연구에 귀중한 자료로 사용될 것입니다.

수집된 자료는 응답자의 비밀이 철저히 보장될 것이며, 본 연구이외의 다른 목적에는 절대 사용하지 않을 것을 약속드립니다.

여러분의 솔직하고 성의 있는 답변은 연구의 귀중한 자료가 되오니 한 문항도 빠짐없이 응답해 주시기를 부탁드립니다.

숙명여자대학교 대학원
가정관리학과 박사과정
송말희 올림.

I. 다음은 귀하의 자아존중감을 알아보기 위한 문항들입니다.

현재 귀하의 모습을 가장 잘 나타내는 곳에 v표 해 주십시오.

한 문항도 빠짐없이 응답해 주시기 바랍니다.

내　　　　용	전혀 그렇치 않다	대체로 그렇치 않다	보통 이다	대체로 그렇다	매우 그렇다
1. 나는 다른 사람들만큼은 가치 있는 사람이라고 생각한다.					
2. 나에게는 좋은 점이 많다고 생각한다.					
3. 인생의 실패자라는 생각이 든다.					
4. 나는 다른 사람들만큼 일을 잘 할 수 있다.					
5. 나에게는 자랑할 만한 것이 없다.					
6. 나는 스스로에게 긍정적인 태도를 가지고 있다.					
7. 나는 나 자신에 대해 만족한다.					
8. 가끔 내가 쓸모없는 사람이라고 느껴진다.					
9. 나는 내 자신을 좀 더 존중할 수 있게 되기를 바란다.					
10. 가끔 내가 잘하는 것이 아무 것도 없다는 생각이 든다.					
11. 지금의 내가 아닌 다른 존재가 되고 싶다.					
12. 내가 해놓은 일에 대해 진정한 자부심을 느낀다.					
13. 나는 무엇을 하고 싶지 않을 때 주저 없이 그 이유를 말한다.					
14. 나는 낯선 사람을 만나는 것을 꺼려한다.					
15. 나는 주변사람들 앞에서 나의 진정한 모습을 보일 수가 없다.					

II. 다음은 귀하의 심리적 복지감을 알아보기 위한 문항들입니다.

현재 귀하의 생각이나 느낌과 일치되는 곳에 v표 해 주십시오.

내　　　용	전혀 그렇치 않다	대체로 그렇치 않다	보통 이다	대체로 그렇다	매우 그렇다
1. 특별한 두려움으로 괴로움을 겪고 있다.					
2. 누군가를 믿는다는 것은 불안한 일이다.					
3. 우울해서 일상생활을 해나가는 데 지장이 있다.					
4. 짜증, 긴장, 우울 등으로 고통받고 있다.					
5. 걱정거리 때문에 몸이 아프다.					
6. 불안·초조해서 한 가지 일에 정신을 집중하지 못한다.					
7. 내가 이루어 놓은 일을 다른 사람이 칭찬해 주어서 흐뭇하다.					
8. 특별히 관심이 있거나 흥미를 느끼는 것(일)이 있다.					
9. 지금까지 내가 이룬 것에 만족한다.					
10. 모든 것이 내가 뜻하는 바대로 이루어졌다.					
11. 나는 지금 누구도 부럽지 않다.					
12. 나는 대체로 기분이 좋다.					
13. 나는 생활이 재미있고 즐겁다.					
14. 나는 세상에서 혼자라는 생각이 든다.					
15. 때때로 나의 삶이 허무하게 느껴진다.					
16. 내 삶이 완전치 않은 것처럼 느껴진다.					
17. 때때로 분에 겨워 욕을 하기도 한다.					
18. 때때로 사소한 일에 짜증을 낸다.					
19. 때때로 어머니 또는 아내 역할을 중단할거라고 으름장을 놓는다.					
20. 때때로 고독하다.					

III. 다음은 귀하와 자녀와의 관계에 대한 문항들입니다.

귀하의 생각이나 느낌과 일치되는 곳에 v표 해 주시기 바랍니다.

내　　　　용	전혀 그렇치 않다	대체로 그렇치 않다	보통 이다	대체로 그렇다	매우 그렇다
1. 나는 자녀들과 사이가 좋은 편이다.					
2. 자녀들은 나를 좋은 부모로 여기는 것 같다.					
3. 자녀들과 함께 있으면 대부분 즐겁게 시간을 보낸다.					
4. 나를 대하는 자녀들의 태도에 만족한다.					
5. 자녀들이 협조적이어서 만족스럽다.					
6. 자녀들과 충분한 시간을 보낼 수 있어서 만족스럽다.					
7. 자녀들로부터 받는 애정과 사랑에 대해 만족한다.					
8. 자녀들이 나에 대해 관심 갖는 정도에 대해 만족한다.					
9. 자녀가 내 생활에 활력을 불어넣어 주기 때문에 기쁘다.					
10. 나는 자녀들이 성장한 모습을 보면서 뿌듯하다.					
11. 자녀가 있다는 그 자체가 나에게 큰 만족을 준다.					
12. 나는 어머니로서 나의 능력에 대해 자신이 있다.					
13. 자녀로 인해 내가 중요하고 소중한 존재임을 깨닫게 된다.					
14. 행복해 하는 자녀의 모습을 볼 때 부모인 나 역시 행복해진다.					
15. 나에게 힘든 일이 있을 때 자녀들은 날 위로해 주고 격려해 준다.					
16. 내가 어려운 상황에 처하면 자녀들이 나를 도와주어 기쁘다.					
17. 자녀들은 나의 좋은 말상대가 되어 준다.					
18. 자녀들과 친구처럼 서로 어려웠던 일을 이야기할 수 있어서 기쁘다.					
19. 자녀들이 집안일을 도와주어서 기쁘다.					
20. 자녀들이 내 입장을 생각해 줄 때 기쁘다.					
21. 자녀가 커가면서 나를 무시하는 것 같아 속이 상한다.					

IV. 다음은 귀하의 가족상황에 관한 것입니다.

읽으신 후 해당란에 v표 또는 자세히 기록해 주시기 바랍니다.

1. 귀하의 가족에 대해 아래의 빈칸에 기입해 주십시오.

결혼했거나, 현재 함께 살지 않는 자녀도 모두 기입해 주십시오.

(혼인여부 난에는 혼인 시 v표를 동거여부 난에는 동거 시 v표 해 주십시오.)

가족성원	성별	연령(만)	최종 학력	혼인여부	동거여부
귀하	여	세	졸		
남편	남	세	졸		
자녀1		세	졸 재학		
자녀2		세	졸 재학		
자녀3		세	졸 재학		
자녀4		세	졸 재학		
자녀5		세	졸 재학		
기타가족원		세	졸 재학		
		세	졸 재학		

2. 남편과 결혼하신 지는 몇 년 되셨습니까?

만_______년

3. 귀하의 직업유무는?

직업이 있다(   )   직업이 없다(   )

4. 귀하의 종교는?

① 기독교   ② 불교   ③ 천주교   ④ 기타

5. 귀하 가정의 월평균 소득은 어느 정도입니까? (만원 정도)

(가족원들의 수입 및 이자, 집세, 연금 등을 모두 포함한 것을 말합니다.)

100만원   200만원   300만원   400만원   500만원

〈부록 2〉 각 단계의 교육일지

1. 교육목표 달성 여부

   목표1. 1 / 2 / 3 / 4 / 5 / 6 / 7 / 8 / 9 / 10

   목표2. 1 / 2 / 3 / 4 / 5 / 6 / 7 / 8 / 9 / 10

   목표3. 1 / 2 / 3 / 4 / 5 / 6 / 7 / 8 / 9 / 10

   목표4. 1 / 2 / 3 / 4 / 5 / 6 / 7 / 8 / 9 / 10

2. 나는 ＿＿＿＿＿＿＿＿＿＿＿＿＿＿＿＿＿＿＿을 학습하였다.

   나는 ＿＿＿＿＿＿＿＿＿＿＿＿＿＿＿＿＿＿＿을 학습하였다.

   나는 ＿＿＿＿＿＿＿＿＿＿＿＿＿＿＿＿＿＿＿을 학습하였다.

3. 나는 ＿＿＿＿＿＿＿＿＿＿＿＿＿＿＿＿＿＿＿을 깨닫게 되었다.

   나는 ＿＿＿＿＿＿＿＿＿＿＿＿＿＿＿＿＿＿＿을 깨닫게 되었다.

   나는 ＿＿＿＿＿＿＿＿＿＿＿＿＿＿＿＿＿＿＿을 깨닫게 되었다.

4. 나는 나 자신에게서＿＿＿＿＿＿을 변화시킬 수 있기를 바란다.

   나는 나 자신에게서＿＿＿＿＿＿을 변화시킬 수 있기를 바란다.

   나는 ＿＿＿＿＿＿＿＿＿을 변화시킬 수 있기를 바란다.

   나는 ＿＿＿＿＿＿＿＿＿을 변화시킬 수 있기를 바란다.

5. 나는＿＿＿＿＿에 대해 또는＿＿＿＿＿＿＿에게 감사한다.

   나는＿＿＿＿＿에 대해 또는＿＿＿＿＿＿＿에게 감사한다.

   나는＿＿＿＿＿에 대해 또는＿＿＿＿＿＿＿에게 감사한다.

〈부록 3〉 개인별 면접 시의 질문 내용

프로그램 종료 후 개인별 면접 시의 주요 질문들

1. 전체 프로그램 중 가장 인상 깊었던 단계 또는 활동은?

   프로그램 참석 후에 전반적으로 느낀 점은?

2. 프로그램 참석을 통해 중년기 주부 개인적 차원에서

   1) 나 자신에 대해 새롭게 깨달은 점은?

   2) 스스로에 대한 태도·마음가짐에서의 변화, 인생관의 변화 등은?

3. 프로그램 참석을 통해 자녀와의 관계에서

   1) 지금까지 자신이 수행해 온 어머니 역할에 대한 평가는?

   프로그램 참석 후에 자녀에 대한 태도나 마음가짐에 있어서의 변화는?

   2) 자녀에 대한 태도나 행동변화에 대해 자녀가 나를 대하는 태도에 있어서의 변화는?

   3) 자녀와의 의사소통에서 있어서의 변화는?

   (의사소통 방법, 내용, 시간 등에서)

   자녀와의 의사소통을 효율적으로 하기 위해 새롭게 노력하고 있는 점은?

   4) 자녀와 갈등이 있었다면 프로그램 참석 후에 그 갈등이 어떻게 진행되고 있으며, 어떻게 해결하려고 노력하고 있는가?

   5) 어머니 역할에 있어서 새롭게 설정한 신조나 다짐 등은?

4. 프로그램 참석을 통해 부부관계에서

   1) '결혼'에 대해 새롭게 느낀 점은?

   2) 프로그램 참석을 통해 부부관계에 대해 새롭게 느낀 점은?

(프로그램 참석 前과 後의 부부관계에 대한 의미의 변화)
3) 부부관계에서 지금까지 후회스러운 점과 부부관계 개선을 위한
앞으로의 각오 또는 다짐 등은?

5. 본 프로그램의 문제점과 미비점, 앞으로의 프로그램에 대한 바람 등은?

· 저자 ·

송말희
(宋末喜)

· 약　력 ·

숙명여자대학교 가정대학 가정관리학과 졸업
숙명여자대학교 대학원 가정학 석사
숙명여자대학교 대학원 가족학 박사

덕성여대, 상명대, 숙명여대, 연대 강사
한국가족상담교육연구소 선임연구원
서울가정법원 상담위원
서울지방검찰청 푸른상담실 상담위원
서초구·용산구 건강가정지원센터 연구위원
청소년희망재단 상담위원 및 전문교육 강사

· 주요논저 ·

「한부모 가족을 위한 통합 서비스 프로그램」
「'학교폭력 가해학생 선도·교육프로그램 모형' 개발」
「청소년을 위한 교육프로그램 개발·실시 및 평가에 관한 연구」
「청소년 자녀와 어머니를 위한 세대 간 이해증진 프로그램 개발·실시」
「십대 미혼모를 위한 교육 프로그램 개발 및 실시 -새로운 꿈을 가꾸는 터-」
「중년남성 대상 가족생활교육 프로그램 개발 및 평가 -평등한 부부관계
　정립을 목적으로-」
「미혼모 보호시설 종사자들을 통해 본 10대 미혼모의 교육요구도와 시설
　운영에 관한 연구」
「중년기 주부의 가족관계향상을 위한 가족생활 교육요구도 분석」
『결혼할까 혼자살까』 (공저)
『건강한 부부관계 만들기』 (공역)
『행복한 결혼 건강한 가족』 (편역서, 공저)

　　외 다수

가족생활교육 프로그램 개발
- 중년기 주부를 대상으로 -

• 초판 인쇄	2006년 8월 31일
• 초판 발행	2006년 8월 31일
• 지 은 이	송말희
• 펴 낸 이	채종준
• 펴 낸 곳	한국학술정보㈜
	경기도 파주시 교하읍 문발리 526-2
	파주출판문화정보산업단지
	전화 031) 908-3181(대표) · 팩스 031) 908-3189
	홈페이지 http://www.kstudy.com
	e-mail(출판사업부) publish@kstudy.com
• 등 록	제일산-115호(2000. 6. 19)
• 가 격	13,000원

ISBN   89-534-5634-7 93590 (Paper Book)
　　　　89-534-5635-5 98590 (e-Book)